加快建设制造强国、质量强国、航天强国、交通强国、网络强国、数字中国。

摘自习近平总书记在中国共产党第二十次全国代表大会上所作的报告

“塑造数字中国”丛书

江小涓 总主编 / 王满传 执行主编

走进数字生态

Towards the Digital Ecology

郑庆华◎著

·北京·

图书在版编目（CIP）数据

走进数字生态／郑庆华著．—北京：国家行政学院出版社，2023.1（2023.4 重印）

（塑造数字中国/江小涓主编）

ISBN 978-7-5150-2713-5

Ⅰ.①走… Ⅱ.①郑… Ⅲ.①数字技术–应用–生态环境建设–研究–中国 Ⅳ.①X321.2–39

中国版本图书馆 CIP 数据核字（2022）第 172321 号

书　　名	走进数字生态 ZOUJIN SHUZI SHENGTAI
作　　者	郑庆华　著
统筹策划	王　莹
责任编辑	王　莹　孔令慧
出版发行	国家行政学院出版社 （北京市海淀区长春桥路 6 号　100089）
综 合 办	（010）68928887
发 行 部	（010）68928866
经　　销	新华书店
印　　刷	北京盛通印刷股份有限公司
版　　次	2023 年 1 月北京第 1 版
印　　次	2023 年 4 月北京第 2 次印刷
开　　本	170 毫米 ×240 毫米　16 开
印　　张	14.25
字　　数	175 千字
定　　价	55.00 元

本书如有印装问题，可联系调换，联系电话：（010）68929022

“塑造数字中国”丛书编委会

总序 PREFACE

加快数字化转型
建设数字中国

当下，数字化转型正在席卷全球。习近平总书记指出，数字技术正以新理念、新业态、新模式全面融入人类经济、政治、文化、社会、生态文明建设各领域和全过程，给人类生产生活带来广泛而深刻的影响。党和国家高度重视这一轮科技革命带来的重大机遇，始终坚持以人民为中心的发展思想，引导实施网络强国、大数据发展、数字中国建设等重大战略，推动我国经济社会发展紧跟时代科技发展趋势，不断迈上新台阶。

数字中国建设是一个顶层设计、全局定位、立体构建、多元驱动的发展任务，是数字技术在国家发展和国家治理各领域的嵌入和赋能，需要政府、市场和社会各个方面的共同努力，需要理解国内外最新变化和发展趋势，需要看到各个领域数字化转型面临的困难和调整，更需要把握好数字化建设带来的机遇和数字化转型的方向和节奏，探索和创新具有中国特色的数字化转型之路。

为了从理论、实践、政策三个层面更好地阐述数字中国，我们参照“十四五”规划中关于数字中国建设的任务部署，编写了“塑造数字中国”丛书，分设《走进数字经济》《走进数字社会》《走进数字政府》《走进数字生态》四册。《走进数字经济》立足“十四五”时期以及2035年重要时间节点，结合党中央、国务院关于数字经济各项要求，从“理论篇”、“实践篇”和“技术篇”阐述数字经济发展的中国之道，探讨打造数字经济新蓝海，推动数字经济成为我国经济的“半壁江山”和主要增长点。《走进数字社会》重点探索数字时代背景下优化社会服务供给、创新社会治理方式的改革新思路，阐述智慧城市、数字乡村、数字生活、数字公民的发展新模式。《走进数字政府》立足以数字化改革助力政府职能转变，塑造数字政府新形态，探讨打造泛在可及、智慧便捷、公平普惠的数字化服务体系，让百姓少跑腿、数据多跑路，真正高质量满足人民对美好生活的向往。《走进数字生态》聚焦数字技术创新赋能、建立健全数据要素市场规则、营造规范有序的政策环境、强化网络安全防护、构建网络命运共同体等核心议题，突出重点，梳理思路，破解难题。

数字中国建设没有成熟的经验和模式可以模仿照搬，没有清晰的设计和蓝图可以即插即用。本丛书立足中国全域数字化改革的多样化实践，借鉴国际有益经验，全面梳理和总结经济、社会、政府数字化转型的实践创新和研究成果，展示数字中国建设各个领域的发展成就和未来前景，为我们认识中国当下正在进行的数字化转型的伟大实践提供有益的参考。希望著者们的努力能够见到成效，助力数字中国建设顺利前行。

江小涓

序

党的十八大以来，以习近平同志为核心的党中央高度重视数字技术发展与数字中国建设，作出了一系列重要论述。习近平总书记指出，加快数字中国建设，就是要适应我国发展新的历史方位，全面贯彻新发展理念，以信息化培育新动能，用新动能推动新发展，以新发展创造新辉煌。

数字技术的发展与数字中国的建设离不开良好的生态环境。数字生态的概念首次出现在2021年3月发布的《中华人民共和国国民经济和社会发展第十四个五年规划和2035年远景目标纲要》中，其中特别明确提出要“坚持放管并重，促进发展与规范管理相统一，构建数字规则体系，营造开放、健康、安全的数字生态”。有关部门也进一步给出了关于数字生态内涵的权威解读，即“以信息技术为代表的新一轮科技革命和产业变革加速推进，形成了以数字理念、数字发展、数字治理、数字安全、数字合作等为主要内容的数字生态”①。因此，数字生态是指政府、企业和个人等主体，通过人工智能、大数据、物联网、区块链等技术，实现连接、沟通、互动与交易，从而形成以数据流动循环为主轴，人、机、物相互作用的经济社会生态系统。这是推动数字经济与实体经济深度融合的必由之路。然而，建设数字中国，还面临诸多挑战。

① 庄荣文：《营造良好数字生态（人民观察）》，《人民日报》2021年11月5日。

第一，营造良好的数字生态，需要政府、社会、企业和个人等主体，通过数字核心技术和新型数字基础设施，进行互联、互通、互动与交易。为此，需要加快推进以国产 CPU、操作系统为底座的自主研发的云平台，统筹利用云计算、存储、网络、安全、应用支撑、信息资源等软硬件资源，提供可信的计算、网络和存储能力。这是建设数字生态、推动数字化转型升级的基础工程。

第二，营造良好的数字生态，需要解决政务数据、公共数据、企业数据、个人数据等全社会各类数据跨层级、跨地域、跨系统、跨部门、跨业务的互通共享问题。数据已成为经济社会活动的关键生产要素，对推动科技进步和经济高质量发展发挥了重要作用。建立健全数据要素市场规则，营造规范有序的政策环境，是构建数字生态政策法规体系与营造数字生态治理新环境的切入点。

第三，营造良好的数字生态，需要统筹解决好数据挖掘、利用和隐私保护、安全可信之间的矛盾。当前，数据资源已成为经济社会活动的关键生产要素，由此带来了安全问题，网络安全升级为数字安全。因此，提升网络安全防护能力、构建数据安全保障体系、建立个人隐私安全保障机制，已成为维护国家安全、社会秩序和公共利益的重要屏障和支撑。

第四，营造良好的数字生态，需要各国政府的通力合作，因为网络空间已成为人类共同的活动空间。新冠肺炎疫情加速了物理空间、人类社会与网络空间的三元融合，开放合作、互利共赢已经成为人类共有的社会生活方式和状态。推动完善网络空间国际规则，打造开放、互利、共赢的数字生态合作，让数字化发展成果更好造福各国人民，是构建数字生态与网络命运共同体的出发点和落脚点。

本书汇聚了国内高校学者、科研人员、产业技术专家提供的素材与案例，围绕数字技术、数字治理、数字安全、数字合作等数字生态核心内容，从内涵特征、问题挑战、思路举措等方面，对数字生态进行了深入思考。本书观点新颖、研判科学、内容翔实、案例生动，兼具理论性与实践性，为领导干部与广大读者深入理解数字生态提供了有价值的线索。作为“塑造数字中国”丛书的最后一个分册，本书特别选取了十大数字化应用场景，介绍其内涵、特征与数字生态构建方案，并辅以代表性的案例，使读者能够直观地认识与理解数字化转型带来的深刻变革，真切走近与走进数字生态。

前　言

党的十八大以来，以习近平同志为核心的党中央放眼未来、顺应新一轮科技革命和产业革命发展趋势和规律，提出数字中国战略。2017 年 12 月 8 日，习近平总书记在主持中共中央政治局第二次集体学习时强调，要推动实施国家大数据战略，加快完善数字基础设施，推进数据资源整合和开放共享，保障数据安全，加快建设数字中国。2021 年 3 月 11 日，十三届全国人大四次会议表决通过的《中华人民共和国国民经济和社会发展第十四个五年规划和 2035 年远景目标纲要》（以下简称“十四五”规划纲要）明确提出“加快数字化发展 建设数字中国”，并从打造数字经济新优势、加快数字社会建设步伐、提高数字政府建设水平和营造良好数字生态四个方面明确了“十四五”时期推动数字中国建设的指导思想、基本原则、发展目标、重点任务和保障措施。2022 年 10 月 16 日，习近平总书记在党的二十大报告中再次强调，加快建设数字中国。

本书是“塑造数字中国”丛书中的一册，围绕“十四五”规划纲要中“营造良好数字生态”部分内容展开。在推进数字中国建设中，企业组织、社会组织、政府组织等经济社会活动主体互联、互通和互动，形成了以数字理念、数字发展、数字治理、数字安全、数字合作为主要内容的新型经济社会生态——数字生态。着力营造开放、健康、安全的数字生态，是“十四五”时期加快建设网络强国和数字中国、推动经济社会高质量发展的重要战略任务。本书从新型数字基础设施、数据要素市场规则、政策环境、数字安全、网络空间命运共同体以及数字化应用场景入手，系统阐述营造良好数字生态的目标要求、主攻方向和重点任务。

本书共包括六章内容。第一章至第五章分别从坚持数字技术创新赋能、建立健全数据要素市场规则、营造规范有序的政策环境、筑牢数字安全新屏障和构建网络空间命运共同体五个方面，阐明了数字生态建设的内涵、特点、现状和举措。第六章介绍了数字化应用的典型场景，从内涵特征、架构方案、应用案例以及未来展望视角，展现数字生态在提高政府效能和驱动产业转型升级等方面的具体尝试。

第一章“坚持数字技术创新赋能”分析了如何夯实根基、把握新型数字基础设施快速演进升级的重要契机，提出要立足高水平科技自立自强、加强数字核心技术攻关，阐明产业数字化转型升级是数字化发展的必由之路。

第二章“建立健全数据要素市场规则”指出了提升数据治理能效是建立健全数据要素市场规则的基本前提，分析了推进数据资源开放共享的价值，阐明如何实现数据要素安全有序流通，打破信息孤岛，给出了数据交易市场的构成及规范数据要素交易和流通的举措，提出要坚持以人民为中心，推进数字惠民便民。

第三章“营造规范有序的政策环境”介绍了如何通过加强互联网网络空间治理构建清朗网络空间，讨论了如何建立与数字平台特征相适应的政策法规体系，依法保障新产业、新业态、新模式健康发展，分析了科技向善的重要性，确保数字平台公平竞争、有序发展。

第四章“筑牢数字安全新屏障”介绍了网络安全、数据安全、个人信息安全的内涵及面临的严峻形势，并围绕我国相关法律法规，阐明了如何提升网络安全防护能力、构建数据安全保障体系和加大个人信息安全保障力度，介绍分析了国际网络安全发展进程及特点。

第五章“构建网络空间命运共同体”介绍了如何通过国家间数字生态领域政策协调推动完善网络空间国际规则，分析了打造开放、互利、共赢的数字生态合作平台对于深化数字贸易、数字技术、数字服务等各领域合作的推动和支撑作用，阐述了如何通过共享国家间数字化发展成果，更好地造福各国人民。

第六章“数字化应用典型场景的实践探索”选取智慧能源、智能制造、智慧农业、智能交通、智慧教育、智慧医疗、智慧文旅、智慧社区、智慧家居、智慧政务十大数字化应用场景，介绍其内涵特征、生态构建，以及富有代表性的实践案例，供读者在拥抱数字时代之际，深刻理解数字化转型给生产方式、生活方式和政府治理带来的深刻变革。

本书注重内容的科普性、指导性和实践性，期望能为领导干部与广大读者提供数字生态是什么、怎么建、如何用的有价值的线索。本书涉及内容广泛，专业概念和术语较多，在编写过程中力求表达简洁、准确，并使内容兼具专业性和科普性，但由于专业知识和写作水平有限，虽然几易其稿，仍难免存在缺陷和不足，敬请读者批评、指正。

第一章
坚持数字技术创新赋能　/001

第一节　把握新型数字基础设施快速演进的重要契机　/002
第二节　牵住数字核心技术自主创新的“牛鼻子”　/011
第三节　产业数字化转型是数字发展的必由之路　/020

第二章
建立健全数据要素市场规则　/031

第一节　提升数据治理能效任重道远　/032
第二节　推进数据开放共享、打破数据孤岛　/040
第三节　有序推动培育数据交易市场　/048
第四节　积极推进数字惠民便民　/054

第三章
营造规范有序的政策环境　/063

第一节　构建清朗网络空间的重要性日益凸显　/064
第二节　建立与数字平台特征相适应的政策法规体系　/072

第三节　推动科技向善理念深入人心　/079
第四节　严防平台垄断和资本无序扩张　/084

第四章
筑牢数字安全新屏障　/093
第一节　提升网络安全防护能力　/094
第二节　构建数据安全保障体系　/101
第三节　加大个人信息安全保障力度　/108
第四节　国际网络安全发展态势　/113

第五章
构建网络空间命运共同体　/121
第一节　推动完善网络空间国际规则　/122
第二节　打造开放、互利、共赢的数字生态合作　/129
第三节　让数字化发展成果更好地造福各国人民　/135

第六章
数字化应用典型场景的实践探索　/145
场景一：智慧能源　/146
场景二：智能制造　/152
场景三：智慧农业　/157
场景四：智能交通　/163
场景五：智慧教育　/169

场景六：智慧医疗　/175

场景七：智慧文旅　/181

场景八：智慧社区　/187

场景九：智慧家居　/192

场景十：智慧政务　/198

后记　/204

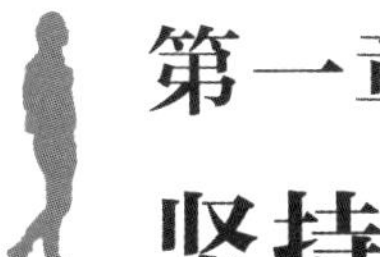

第一章

坚持数字技术创新赋能

推进新型数字基础设施建设、加强数字关键技术创新、推动产业数字化转型升级，是我国“十四五”时期及中长期经济实现高质量发展的必然选择。然而，当下的产业数字化转型升级在产业、行业及地域的渗透方面存在不均衡、不全面、不深入等问题，需要提升行业数字化领导力，培养专业数字化人才队伍，解决各行各业数字化发展中存在的问题。数字生态，将以新一代网络通信设施、大数据中心、云平台、产业互联网平台等新型数字化基础设施为抓手，以5G、云计算、人工智能、区块链等新一代数字核心技术为基础，以数据治理管控为手段，实现生产模式、商业创新、金融供给等不同产业链上下游参与方的数据融合，释放数据资产的潜在价值，加速产业数字化转型升级步伐。

第一节　把握新型数字基础设施快速演进的重要契机

一、什么是新型数字基础设施

2018年，中央经济工作会议提出“加快5G商用步伐，加强人工智能、工业互联网、物联网等新型基础设施建设”，首次明确提出了新型基础设施这一概念。2021年4月20日，国家发展和改革委员会首次对新型基础设施作出了权威解读：新型基础设施是以新发展理念为引领，以技术创新为驱动，以信息网络为基础，面向高质量发展需要，提供数字转型、智能升级、融合创新等服务的基础设施体系。随着技术革命和产业变革的推进，新型基础设施的内涵、外延也会随之变化。具体而言，新型基础设施主要包括数字基础设施、融合基础设施和创新基础设施三方面内容。

数字基础设施是新型基础设施中最重要的部分，融合基础设施和创新基础设施依附于数字基础设施并在此基础上融合其他行业领域设施演变而成。数字基础设施主要是指基于新一代信息技术演化生成的基础设施。如以5G、物联网、工业互联网、卫星互联网为代表的通信网络基础设施，以人工智能、云计算、区块链等为代表的新技术基础设施，以数据中心、智能计算中心为代表的算力基础设施等。相对于传统信息技术（IT）基础设施而言，新型基础设施中的数字基础设施也被称为新型数字基础设施。

根据《“十四五”信息通信行业发展规划》，新型数字基础设施包括三个部分：一是新一代通信网络基础设施，具体包括5G、千兆光网络接入、骨干网光传输系统与网络服务、IPv6端到端贯通、移动物联网、卫星通信、全球通达通信设施；二是算力基础设施，具体包括数据中心与超算中心；三是新技术基础设施，包括云平台设施、人工智能基础设施、区块链基础设施。

二、 新型数字基础设施的特点与国内外发展战略

（一）新型数字基础设施特点

以新一代信息技术为核心。新型数字基础设施的突出特点在于其使用5G、全光通信、大数据、物联网、云计算、虚拟化、人工智能、区块链等新型数字关键技术，通过产业应用的融合，催生出新的商业模态和业务种类，引导相关产业新的发展方向。

以科技创新为动力。科技创新是制约新型数字基础设施发展水平和质量的关键。科技创新的原创性与开拓性越强，新型数字技术的产业化发展速度会越快，产业链规模会变得越大，新型数字基础设施效应发挥得会更好，对应的数字化发展水平也就越高。

以虚拟形态呈现。新型数字基础设施除了物质形态外，还呈现出软硬一体、虚实融合的虚拟形态。新型数字基础设施运行依赖于各种软件，这些软件不仅需要代码、模型、算法、数据等计算元素，更需要技术规范与行业标准等监管元素。

以平台为主要载体。数据是产业数字化转型中的重要生产要素，与数据相关的收集、传输、存储、清洗、组织、管理及应用等处理功能变得更加重要，数字基础设施只有成为共享平台后，才能够大规模提供数据、算力、算法等公共性数据处理功能，为大量中小企业开展数字业务提供基础。①

（二）国内外新型数字基础设施的相关政策

1. 美国关于新型数字基础设施的政策

2018 年 2 月，美国联邦政府发布了《美国重建基础设施立法纲要》，涉及的新型数字基础设施内容有 5G 通信基站、智能电网、宽带网络、大数据、自动驾驶基础设施、无人机设备运输系统等。

2017 年 5 月，美国联邦政府发布了《增强联邦政府网络与关键性基础设施网络安全》，涉及的新型数字基础设施内容有传感器网络、信息安全。

2016 年 5 月，美国联邦政府发布了《联邦大数据研发战略计划》，目标是加强科研网络基础设施建设，涉及的新型数字基础设施内容有芯片、高性能计算、云计算、数据集、通用计算工具、标准规范等。

2013 年 7 月，美国联邦地理数据委员会发布了《美国国家空间数据基础设施战略规划草案（2014—2016 年)》，涉及的新型数字基础设施内容有国家地理空间数据库、云计算、新型移动地理空间传感器平台等。

2. 欧洲关于新型数字基础设施的政策

欧盟委员会于 2021 年 5 月更新了《欧洲工业战略》，旨在提升欧洲在

---

① 肖伟：《李晓华：把握新型基础设施新特征》，《经济日报》2020 年 7 月 16 日。

全球工业中的领导者地位。在数字和绿色领域取得先发竞争优势，是欧盟实现战略自主的重要方针。

德国在2013年的汉诺威工业博览会上提出了“德国工业4.0”的概念，是指利用信息物理系统（cyber physical system，CPS）将生产中的供应、制造和销售信息数据化、智慧化，最后达到快速、有效、个人化的产品供应。“德国工业4.0”的核心目的是提高德国工业的竞争力，在新一轮工业革命中占领先机。随后，德国政府将“德国工业4.0”列为《德国2020高技术战略》中的十大未来项目之一。

英国于2017年3月正式发布了《英国数字战略》（UK Digital Strategy），提出了建立世界级数字化基础设施。英国认为数字化连接是公用事业，可推动生产力发展和创新，是建设数字化国家的物理基础，希望再一次引领全球性的工业革命。

荷兰于2018年启动数字化战略，正式致力于为数字化未来做准备。该战略需要采用双管齐下的方法来推进医疗、移动能源和农业/食品等领域的数字化。

3. 我国关于新型数字基础设施的政策

2022年4月，中共中央网络安全和信息化委员会办公室、国家发展和改革委员会、工业和信息化部联合印发了《深入推进IPv6规模部署和应用2022年工作安排》，要求突出创新赋能，激发主体活力，打通关键环节，夯实产业基础，增强内生动力，完善安全保障，扎实推动IPv6规模部署和应用向纵深发展。

2022年2月，国家发展和改革委员会、中共中央网络安全和信息化委员会办公室、工业和信息化部、国家能源局印发了《国家发展改革委等部门关于同意长三角地区启动建设全国一体化算力网络国家枢纽节点的复函》，设计了“东数西算”目标：在京津冀、长三角、粤港澳大湾区、成渝、内蒙古、贵州、甘肃、宁夏等8地启动建设国家算力枢纽节点，并规划了10个国家数据中心集群。

2022年1月，国务院印发了《“十四五”数字经济发展规划》，计划到2025年数字经济核心产业增加值占国内生产总值比重达到10%，数据要素市场体系初步建立，产业数字化转型迈上新台阶，数字产业化水平显著提升，数字化公共服务更加普惠均等，数字经济治理体系更加完善。

2021年9月，工业和信息化部等8部门印发了《物联网新型基础设施建设三年行动计划（2021—2023年）》，计划到2023年底初步建成物联网新型基础设施，突破一批制约物联网发展的关键共性技术，构建一套健全完善的物联网标准和安全保障体系。

2020年5月，国务院发布的《政府工作报告》明确提出“新基建”，加强新型基础设施建设，发展新一代信息网络，拓展5G应用，建设数据中心，增加充电桩、充电站等设施，推广新能源汽车，激发新消费需求，助力产业升级。

2020年3月，中央政治局常务委员会要求加快5G、数据中心等新型基础设施建设进度。

2018年12月，中央经济工作会议指出，加快5G商用步伐，加强人工智能、工业互联网、物联网等新型基础设施建设。

三、 新型数字基础设施建设面临的挑战

在国家政策的大力支持下，我国扎实推动新型数字基础设施建设，取得了积极进展，但也面临有效供给不足、投资效益亟待提升、管理宏观调控不足等问题。

（一）新型数字基础设施建设有效供给不足

新型数字基础设施建设能力达不到实际应用需求。如5G基站覆盖面不够、光纤入户不彻底且速率远低于千兆、IPv6规模部署不足、“东数西算”与大数据中心国家枢纽节点尚未全部建成等。只有数字基础设施的建设密度和连接数量规模化，才能实现新型数字场景的产业化应用。

新型数字基础设施科研水平相对较低，所需核心元件高度依赖进口。我国在数字基础设施的基础研究方面起步较晚，自主知识产权较为薄弱，技术研发以追赶为主，总体水平落后于西方发达国家，庞大的市场需求长期依赖进口支撑。2018年以来，以美国为代表的西方发达国家以断供芯片来威胁和遏制我国高新技术发展和产品生产，导致我国“缺芯少魂”问题凸显。全球知名咨询机构IC Insights分析和预测了2010年至2026年中国大陆芯片市场规模：2021年中国芯片市场规模约为1865亿美元，而自主生产的芯片价值仅为312亿美元，价值占比约为16.7%；2026年的中国芯片市场规模将会达到2740亿美元，自主生产的芯片价值仅为582亿美元，价值占比约为21.2%。

新型数字基础设施建设所需人才供不应求。新型数字基础设施建设具有周期短、范围广、更迭快等行业发展特点，这不仅对人才需求增长迅猛，而且对从业人员的技术能力要求也较高，导致现阶段人才的数量短缺。与此同时，引导新型数字基础设施技术发展的高端人才更是匮乏，导致后续的技术创新、产品研发及市场应用等受到严重制约。《中国集成电路产业人才白皮书（2019—2020年版）》显示，2019年国内集成电路人才缺口接近30万人，预计到2023年前后，全行业人才仍将会有超20万人的缺口。

（二）新型数字基础设施建设投资效益亟待提升

新型数字基础设施建设投资风险大。新型数字基础设施所依赖的5G、人工智能、区块链等新一代信息技术大部分是高精尖技术且更新速度快、迭代周期短，而基站设施、数据中心、算力中心等新型数字基础设施前期投入大、资金回收慢，投资不确定性风险较大，企业投资积极性不高，影响社会资本进入新型数字基础设施建设的积极性。

新型数字基础设施建设规模庞大。新型数字基础设施的价值与规模成平方关系，即规模增长 1 倍，其价值增长 3 倍，小规模新型数字基础设施建设不能形成有效的价值驱动力，必须建设到一定规模时才能吸引到足够数量的用户并形成强劲的价值驱动力，但大规模的新型数字基础设施建设进一步加剧了投资的风险和难度。

（三）新型数字基础设施建设管理宏观调控不足

政府缺乏针对新型数字基础设施建设的地域差异化统筹政策。在当前数字化发展过程中，各地面对数字基础设施投资时，并没有因地制宜地关注当地实际的产业特点与数字化发展水平。经常出现盲目投资与跟风建设现象，导致建成的新型数字基础设施没有得到有效利用，浪费人力、物力与财力。

技术壁垒导致新型数字基础设施建设易形成技术垄断。新型数字基础设施建设涉及的大部分是高精尖技术，有着明显的技术壁垒。例如新一代通信设施、算力设施等不仅在建设时需要投入大量的资金，在运营时还需要高水平技术团队支撑才能提供有效的服务，目前具备新型数字基础设施建设与运营能力的企业集中在几家大型的互联网科技巨头，这种缺乏充分市场竞争的商业环境容易形成技术垄断。

四、新型数字基础设施建设方法与举措

根据《“十四五”信息通信行业发展规划》，推进新型数字基础设施建

设措施包括全面部署新一代通信网络基础设施、统筹布局绿色智能的数据与算力设施、完善新型数字基础设施融资路径、强化核心技术研发和创新突破等，以便能够解决数据“存得下、流得动、用得好”难题。

（一）全面部署新一代通信网络基础设施

全面推进5G网络建设，加快5G独立组网（SA）规模化部署，逐步构建多频段协同发展的5G网络体系，适时开展5G毫米波网络建设。全面部署千兆光纤网络，在城市及重点乡镇推进万兆无源光网络规模部署，在城镇老旧小区开展光接入网能力升级改造。持续推进骨干网演化和服务能力升级，提升骨干网络承载能力，打造P比特级骨干网传输能力。提升IPv6端到端贯通能力，加快应用层面与终端层面的IPv6升级改造，实现IPv6用户规模、应用类型与业务流量的同步增长。推进移动物联网全面发展，推动存量2G/3G物联网业务向NB－IoT/4G/5G网络迁移，构建低、中、高速移动物联网协同发展综合技术体系。加快通信卫星发射进程，加速中低轨道卫星与地面通信设施深度融合。构建通达全球的信息基础设施，优化国际互联网出入口布局与带宽扩容。

（二）统筹布局数据与算力设施

推动数据中心高质量发展，优化数据中心顶层规划，优化调整数据中心供给侧结构，促进标准化大数据中心体系建设。强化区域协同管理，引导数据中心集群化、规模化发展，推进东部与中西部地区以及一、二线城市与临边地区的数据中心有机协调发展。构建相互共享的数据基础设施，如公共数据共享交换平台、行业专用数据共享平台、大数据交易中心等，促进数据开放共享和流通交易。构建多层次的算力设施体系，增强通用云计算服务能力，加快算力设施虚拟化、智能化升级，推进云计算平台的多元化、异构化和智能化建设，增强算力设施对海量多元异构数据的高速处理、效用计算和深度加工能力。提升面向人工智能的基础设施服务能力，构建面向特定行业的标准化公共数据集，提升公共数据开放共享能力及赋能水平。建设面向区块链应用的基础设施，推进基于公链和联盟链的区块链公共基础设施建设，为应用开发者提供统一的区块链运行环境和标准化的接口服务。

（三）强化核心技术研发和创新突破

在国家统一布局下，加大5G、光通信、云计算中心、物联网、大数据、高性能计算、下一代互联网等领域关键核心技术研发、产品研制及专利保护支持力度，加速国产化芯片、器件和设施的试点示范、产业化和应用推广。推动5G与光通信、下一代互联网技术深度融合，提升网络运维效率、服务质量、可靠性和业务体验。加速区块链、数字孪生、人工智能、扩展现实等创新技术对传统产业数字化转型升级的深度赋能。推动建立面向多技术融合发展新兴行业的标准体系，加速数字基础设施公共技术标准的制定和推广。充分发挥龙头企业技术外溢和集成整合作用，加强产学研用多方协同攻关，支持开展跨界研发，解决制约我国技术发展的“卡脖子”核心难题，构建基于自主知识产权的产业技术体系和业务创新生态，实现产业链和创新链的有效衔接和深度融合。

（四）优化融资路径

新型数字基础设施投资量大、风险较高，完全依赖政府主导投资难以完成这项战略任务。可以采用市场运作模式，面向全社会、海内外构建多元化投融资方式，充分调动社会资本的积极性，多元化增加资金来源，提高民间资本的使用率。对于经济欠发达地区或民间资本相对薄弱地区，可以由政府牵头设立数字基础设施建设专项资金，该资金依然采用市场化资本运作方式，政府注资的专项资金发挥引导功能，利用杠杆效应吸引其他各类民间、社会资本的进入，壮大专项资金的规模，形成多路径的新型数字基础设施融资机制。①

第二节　牵住数字核心技术自主创新的“牛鼻子”

一、数字核心技术创新内涵

当今社会正处于数字化深度发展时代，数字技术正以新的理念和模式全方位融入人类社会的各领域和全过程，给人类的生产模式和生活方式带来了剧变。尤其是随着5G、大数据、云计算、人工智能、区块链、物联网等新数字核心技术的创新速度与力度的加剧，这些新技术已经全面融入数字化发展的全过程，成为我国产业数字化转型升级发展的新动力，为数字化发展迈向更高水平提供了坚实的原动力。

习近平总书记始终把创新摆在国家发展全局的核心位置，高度重视科技创新，提出了一系列新思想、新论断、新要求。2018年5月28日，习近平总书记在两院院士大会上指出，要利用信息技术推动国家创新发展，要把握数字化、网络化、智能化融合发展的契机，以信息化、智能化为杠杆培育新动能。同年7月13日，习近平总书记在主持召开中央财经委员会第二次会议时强调，关键核心技术是国之重器，对推动我国经济高质量发展、保障国家安全都具有十分重要的意义，必须切实提高我国关键核心技术创新能力，把科技发展主动权牢牢掌握在自己手里，为我国发展提供有力科技保障。

---

① 李明、龙小燕：《“十四五”时期我国数字基础设施投融资：模式、困境及对策》，《当代经济管理》2021年第6期。

数字核心技术创新表现在网络化、数字化、智能化与新模式四个领域。

网络化之“基”——5G。以5G为代表的新一代接入技术使万物互联，孕育产业机会。5G与大数据、云计算、人工智能、区块链、物联网等数字技术深度融合后，将全面提升新型数字基础设施的核心功能和服务能力。在数字生态环境下，5G为产业数字化转型升级产生的庞大数据提供了高速网络容量，极大地降低了边缘数据的传输时延。

数字化之“基”——云计算。云是数字化的标志，在政府的大力倡导和推进下，云平台已成为重要的新型数字基础设施。云平台产业链上游主要是为算力中心提供基础设施建设的行业，也是数据中心投资资金的主要流动方向；产业链下游主要是数据中心使用者，包括互联网、金融、电力以及政府等社会行业。

智能化之“基”——人工智能。作为定义新业态和商业模式、推动行业智能化升级的核心技术，人工智能已成为国家战略之争，能够有效提升社会各个行业的劳动生产率，特别是在降低成本、优化产品、改善服务、创造新机会等方面为人类社会的发展带来革命性的转变。[①]

新模式之“基”——区块链。区块链有望带来新架构、新商业模式，区块链的核心理念在于去中心化的手段和思维模式，立足点是实现价值共享。区块链已经对金融业、零售业、能源行业、版权保护、政府服务等多个行业和领域产生了影响。

二、数字核心技术创新特点

（一）5G

5G网络建设具备战略性、先导性、前瞻性，将通信对象从人与人拓展

① 德勤中国：《中国人工智能行业综述》，《科技中国》2019年第1期。

到了人与物、物与物，带来了一个万物互联的时代。5G 最显著的优势是网络覆盖广、传输时延低、接入点数量多、连接数多、功耗低且可靠性高。

我国 5G 建设的成就主要体现在两个方面：一是 5G 基础设施建设取得阶段性成效，截至 2022 年 4 月末，我国已建成 5G 基站 161.5 万个，成为全球首个基于独立组网模式规模建设 5G 网络的国家，5G 基站占移动基站总数的比例为 16%，5G 网络已经覆盖所有地级市区，98% 的县城城区和 80% 的乡镇镇区均能够实现 5G 网络覆盖；二是 5G 垂直行业应用生态逐步完善，5G 在农业、工业和服务业领域都有各自典型的示范应用。

5G 与千行百业的融合是 5G 产业发展的未来，5G 的应用创新已经具备了一定的社会基础，但 5G 技术与行业应用场景的融合不是一蹴而就的，需要从顶层设计角度统一规划 5G 的产业生态。引导行业化 5G 网络的融合共建，特别是电力、交通、教育、公安、水利、工业物联网等面向重点行业的融合型基础设施、社会公共服务的生产和管理服务网络。加大培养 5G 行业应用的集成商生态，推进 5G 的规模化应用。

（二）大数据

随着大数据发展成为国家战略，我国的大数据产业也逐渐进入蓬勃发展的“黄金阶段”，大数据产业规模持续上升，不断释放产业价值。一是产业规模快速增长，“十三五”期间，我国大数据产业年均复合增长率超过 30%，大数据产业链初步形成，一批龙头企业快速崛起。二是行业融合逐步深入，大数据应用从互联网、电信、金融等信息化发达行业逐步向数字社会、数字生产、数字教育、数字政府等领域拓展，催生出一批新场景、新模式和新业态。三是大量新技术不断涌现，异构计算、批流融合、云化、兼容 AI、内存计算等新技术持续更迭，成为大数据获取、存储、处理、分析或可视化的有效手段。四是大数据技术体系逐渐走向成熟，技术分支不断细化、深化，从面向海量异构数据的存储、组织、处理、分析、展示等核心技术，延展到数据流通、交易、监管、安全等配套管理技术，逐渐形成了结构清晰、功能完备、管理到位的大数据技术体系。

《“十四五”数字经济发展规划》显示，加快建设面向行业的大数据平台，提升数据开发、利用与监管水平，推动行业数据资产化、产品化、市场化，实现数据的价值再创造，加大大数据产业发展试点示范推进力度，推动大数据的跨行业、跨领域融合应用，推广优秀应用解决方案的规模化应用，将成为大数据未来的发展方向。

（三）云计算

我国云计算产业发展势头迅猛，云计算概念早已被中小企业接受，目前正处于创新发展与应用推广阶段，为产业数字化转型升级提供有效动力。一是云计算技术发展迅速，国内从事云计算的龙头企业在数据存储、并发处理、云网融合、虚拟容器、微服务等技术领域不断取得突破，从原来的跟跑变成同步前进，甚至在某些专业性能指标上已达到国际先进水平。二是基于云计算的新的应用场景在不断拓展。随着政务云、金融云、能源云、教育云、水利云、交通云等行业性云平台的广泛普及，政府和企业上云比例和应用深度大幅度提升。

未来的云计算发展热点聚集在虚拟化、云安全以及智慧化等方面。云虚拟化在于找到并确定更为高效合理的虚拟资源计算与分配方法，实现云环境下的处理器、存储、网络等诸多资源间的优化控制，有效降低成本。云计算作为数据存储与处理的基石，其安全性直接决定云用户对于云计算的取舍，除了基本的数据保护、系统漏洞以及资源共享安全以外，还要关注身份认证、操作赋权以及行为审计等安全内容。智慧化也是云计算未来发展趋势之一，它能够自动使不同类型的人工智能适配到云端合适的计算技术，如异构计算、高性能计算、海云计算、类脑计算等，有效优化计算力的利用。①

（四）人工智能

中国信息通信研究院发布的《人工智能白皮书（2022年）》显示，人工智能行业在技术创新、产业落地以及安全实践等方面都有着突飞猛进的发展，数据创新、模型创新、算力创新等技术创新不断取得新的突破。

人工智能在我国获得了长足的发展，其成果主要体现在五个方面：一是人工智能基础理论得到快速积淀；二是人工智能部分核心技术跻身甚至超过世界先进水平；三是人工智能与各行业各领域的业务融合发展迅速；四是面向人工智能的发展创新生态已初步构建；五是我国的人工智能发展水平在全球人工智能领域占有重要位置，尤其是人工智能技术与行业应用的结合更是走在了世界前列。②

未来的人工智能生态将会成为数字生态中最重要也最有活力的生态之一，《新一代人工智能发展规划》预估了未来市场容量，到2025年左右人工智能核心产业市场将超过4000亿元，拉动相关产业市场超过5万亿元；到2030年时人工智能核心产业市场将超过1万亿元，拉动相关产业市场超过10万亿元。

（五）区块链

传统数字基础设施都是基于中心化信任机制来保障网络的可信性，而区块链能够在不可信网络中提供一种用于价值传递与交换的可信通道，凭借其独有的信任建立机制，与物联网、云计算、大数据、人工智能等新技术、新应用交叉创新，融合演进成为新一代网络基础设施。

---

① 杜蕊：《云计算技术发展的现状与未来》，《中国信息化》2021年第4期。
② 李世鹏：《人工智能的发展现状和趋势》，《视听界》2019年第5期。

我国在区块链的技术研发和产业发展两方面均取得了长足进步。在技术研发领域，一批骨干企业通过不断加大投入力度，突破了若干关键核心技术，使区块链在工作性能、出块效率和安全性保障方面都得到了提升，尤其是随着全国区块链和分布式记账技术标准化委员会的筹建，区块链标准体系很快会得以构建和完善。在产业发展方面，包括网络基础设施、应用基础环境、行业应用开发以及相关配套服务在内的区块链产业链初步形成，区块链应用已从最初的数字货币向产品溯源、数据存取与共享、版权交易与保护、协同智能制造等应用领域延伸和拓展。

（六）物联网

近年来，物联网技术不断积累与升级，产业链也逐渐完善和成熟，加之受数字基础设施建设、行业数字化转型和消费升级等周期性因素的驱动，处于不同数字化发展水平的各领域和行业不断交替式地推进物联网的发展，带动了物联网行业整体呈现爆发式增长态势。主要体现在：通信连接技术不断突破，NB－IoT、eMTC、Lora 等低功耗广域网技术成功后，其商用化进程非常迅速；公共物联网平台迅速增长，极大地提升了共享服务的支撑能力；大数据、云计算、边缘智能计算等新技术在不同领域与物联网深度融合，为物联网智能化发展带来创新活力。

我国的物联网技术发展已经较为成型，在多个行业以及领域中都得到了广泛应用。目前多数物联网应用还是停留在初级阶段，未来的应用需求会随着技术进步而不断升级，并为物联网的发展及应用带来新的机遇和挑战。首先，传统产业数字化转型升级将驱动物联网应用在多个行业中进一步深化。当前，物联网主要的渗透领域有工业研发、生产、管理、运维等，面向水利、农业、交通、环保、零售等行业的物联网应用也在全面展开。其次，面向个人与家庭的消费物联网应用市场正在逐步被挖掘，智能家居、健康监测、穿戴设备、智能家电、车载智能终端等消费领域市场持续高速增长，共享经济不断升华，“创新、创业”源源不断地创造新业务。最后，智慧城市理念的生根与全面实施为物联网的规模应用和开环应用提供了巨大契机，我国智慧城市经过分批示范建设，现已开始步入全面建设阶段，使物联网从局部性的行业应用开始向规模化的全局性应用转变。

三、 数字核心技术创新面临的挑战

数字核心技术创新是制约数字中国与数字生态的关键，经过多年发展，尽管取得了一些成效，但也面临诸如投资分散、原始创新不足、技术融合创新欠缺以及高层次人才短缺等问题。

（一）技术创新资源投资分散

多年来，我国对数字核心技术的创新资源投入在数量上一直是增长的，有时增长幅度远超其他领域的投入，但数字核心技术创新仍面临着创新资源分散、创新体系不完善、创新合力不强等问题，成为制约我国数字核心技术创新能力发展的关键因素。如不同中央部委、地方政府各自建立了自己的技术创新资源规划，相互间缺乏有效的联合协同机制，导致创新资源没有形成合力，对技术原创、人才培养、试点示范工作等支持不足。

（二）技术原创不足使得创新基础不稳

我国在数字核心技术领域虽然掌握了一定的技术研发能力和工程集成能力，但多数技术成果不是自主研发的，是他国原创技术的封装与改良，缺乏对独立自主知识产权的保护；大型数字工程应用建设数量较多，但自主生产的器件和产品较少，特别是在智能传感器、高精芯片等关键硬件，以及实时控制、资源优化、工业仿真等高端工业软件方面与国际先进水平存在较大差距。习近平总书记在2020年9月11日召开的科学家座谈会上讲道，我国面临的很多“卡脖子”技术问题，根子是基础理论研究跟不上，源头和底层的东西没有搞清楚。

（三）重大工程建设缺乏技术融合创新

技术融合不是技术层面的简单组合，更是技术集群、技术生态的深度融合。不同层级、领域的融合只有达到足够的规模与深度，才能引爆“技术蛙跳”，从而开启跨越式发展。我国经济正在由高速增长阶段转向高质量发展阶段，重大工程建设亟须5G、大数据、云计算、人工智能、区块链、物联网等新型数字技术的融合应用，推动工程建设与工程管理逐步向智慧化方向演变。

（四）高层次人才短缺制约创新发展

人才是创新发展最核心的要素，高层次人才队伍更是自主创新能力的标志。从规模上看，我国目前从事数字技术研发与产业应用的人才数量位居世界第一，但在人才结构与供给上存在明显不足。从人才结构上看，结构不均衡问题比较突出，具有世界顶级技术水准的科学家严重匮乏；从人才供给与培养上看，高级应用开发人员有效供给不足、现有培养模式难以培养出大批量具备良好专业素质的从业者，尤其对行业需求、核心技术、垂直应用布局有全面理解和把控能力的高级综合型人才更是严重不足。中国信息通信研究院2021年发布的《数字经济就业影响研究报告》显示，中国数字化人才缺口已接近1100万人，且随着全行业数字化的快速推进，人才需求缺口还会持续放大。

四、数字核心技术创新办法与举措

针对我国在数字核心技术创新过程中面临核心技术受制于人、人才短缺等问题，需要坚定不移走自主创新之路，从国家顶层设计出发，高校、科研院所、企业、社会等多层面协同攻关，打造适应数字化转型需求的数字化人才培养体系，实现关键核心技术的自主创新与自主可控。

（一）夯实创新基础，完善顶层设计

关键核心技术的攻关需要体制创新，需要从国家治理制度的顶层设计出发，发挥我国“集中力量办大事”的体制优势，建立国家主导、社会多元化参与的新型组织模式，构建科技资源管理与共享新秩序。尊重知识产权交易的市场规律，构建开放共享的联合创新机制，建设面向世界一流水平的战略科技创新平台。以参与实体的技术水平与能力高低为依据明确各自的责任主体，鼓励骨干企业牵头，联合产业链上下游具有创新优势的企业、高校、科研机构，组建聚焦于技术创新的联合研发机构，构建新型的“产、学、研、用”融合的创新生态。

（二）推进国产替代，掌握核心技术

习近平总书记多次强调，互联网核心技术是我们最大的“命门”，核心技术受制于人是我们最大的隐患。数字核心技术国产替代不仅是缓解技术断供风险和保障供应链安全可控的重要手段，更是突破“卡脖子”瓶颈、实现经济高质量发展和塑造国际竞争新优势的必然选择。我国应牵住自主创新这个“牛鼻子”，把发展主动权牢牢掌握在自己手上，在确保网络空间安全的基础上，大力发展和加强国家信息技术和产业。强化在关键领域国产替代，加快推进国产自主可控替代计划，大力推广国产软硬件，让中国产品与技术在世界上拥有一席之地。

（三）坚持需求导向，赋能数字生态

良好数字生态能够充分激发数字技术的业务创新活力、数据要素潜能及应用发展空间，引领和驱动技术创新发展和产业转型升级。反过来说，技术创新作为数字产业化和产业数字化的重要基础，是实现数字生态健康

发展的重要抓手。因此，技术创新必须坚持数字生态发展的需求导向，从国家急迫需求和长远需求出发，以数字生态发展的变化为导向，前瞻性地布局新型核心数字技术创新，提升我国战略科技力量，促进相关领域的技术水平以及产业能力迈上新台阶。

（四）强化人才培养，完善人才体制

制约数字核心技术原始创新的根源在于基础研究相对薄弱，尤其是从事基础研究的科技人才更是缺乏。首先，增加人才供给的首要途径就是高校与科研院所要积极推进与基础研究相关的学科建设与改革，强化新工科建设与计算思维培养，完善工程技术人才培养体系，突出科学实践在培养工程技术高级人才中的作用，满足数字中国建设对高级应用型工程技术创新人才的需求。其次，建立专门领域的“科学家工作室”，发挥顶级科学家的主观能动性，在其引领下，营造科技创新氛围与科技引领环境，建立合理的跨学科、跨部门、跨地域人才流动机制，实现交叉融合、科技创新。最后，吸引更多国际科技人才来华工作，尤其是海外留学未归的优秀人才，这样除了能够直接获得技术提升外，还可以通过不同科技文化的交流与碰撞，改进我国科技人员的思维方式与科研方法，完善科技人才培养体制。

第三节　产业数字化转型是数字发展的必由之路

一、数字化转型升级意味着什么

数字化转型升级是建立在数字化转换、数字化升级基础上，进一步深入公司核心业务，以构建新的商业模式为目标的高层次、全方位智能化转型。数字化转型升级包括企业和产业两个视角。

从企业视角看，数字化转型升级是指企业充分利用新一代信息技术，如云计算、大数据、物联网、5G、人工智能等，给企业的商业模式、产品规划、流程管理及组织架构带来变革的过程，其根本目标是要实现价值增值、提升产品质量和服务能力，让企业获得更好的市场竞争优势。

从产业视角看，数字化转型升级是利用新一代信息技术对产业进行全方位、全链条的改造过程。通过深化数字技术在规划、生产、运维、管理和市场营销等多个环节的综合应用，实现产业层面的数字化、信息化和智能化发展，进而使产业逐步走向现代化。对于大多数产业而言，数字化转型升级从技术储备到业务重构、从理念形成到机制变革、从数字基础设施建设到专业化人才引进与培养都面临着多种挑战。因此，数字化转型升级不可能一蹴而就，是一项长期艰巨的任务，企业需要 3 ~ 5 年、行业需要 5 ~ 8 年甚至更长时间才能取得显著成果。

二、 数字化转型升级的特点和规划

（一）产业数字化转型升级的特点

1. 新一代信息技术引发的系统性变革

产业数字化转型升级是一项由新一代信息技术主导的复杂性系统工程，需要贯通自动化、信息化、数据化三个技术维度，通过变更和重组常规业务流程，实现数据和业务一体化的闭环运行环境，即业务直接产生各种类型数据，通过挖掘海量数据的内在关联规律反过来又可以指导和完善业务。

2. 根本任务是价值体系优化、创新和重构

数字化转型升级在根本上是要充分利用数字技术不断创造新价值，打造新业态，进而优化、创新和重构价值体系。产业数字化转型升级的架构

重组和创新机制必须始终以提升价值体系为导向，明确数字经济时代的价值新方向，提升基于数据的价值创造、价值重塑和价值传递的能力，创建面向数据的价值支持、价值信任支撑体系，保持数字化转型升级的长期稳定性。

3. 核心路径是新型能力建设

数字化创新和发展能力是衡量数字化发展水平的新型能力。针对数字环境的快速变化特性，有必要融合新一代信息技术，建立和提升基于数据价值的组织重构能力，精准把握业务转型方向，加速业务转型步伐，建立人才培养、发掘与吸引机制，扩大专业化人才规模，提升改造传统动能，创造新的业务价值，实现跨越式发展的新型能力。有了新型能力后，企业就能够链接原来独立运行的各业务系统、重组原本零散的企业资源，实现数据和业务的聚合。

4. 关键驱动要素是数据

数字化转型升级发展水平的重要评判标准就是数据价值的体现程度。在数字时代背景下，产业与企业的价值创造能力就是大力开展基于数据的价值创建、价值交换和价值重构等价值创新模式。传统的生产方式与过程需要用数据科学重新实现精准定义，数据不是简单的数值记录，将成为记录和挖掘经验、知识和技能的新载体，数字化转型升级极大地推动了基于数据的知识构造、经验共享和技能赋能，提升产业链上下游相关企业间的协同创新能力，提高社会资源与数字基础设施的综合潜能。①

（二）我国产业数字化转型升级的发展现状

中国信息通信研究院发布的《中国数字经济发展白皮书（2021）》显示，2020 年我国数字经济规模达到 39.2 万亿元，占 GDP 比重为 38.6%，

① 张毅：《数字化转型是什么？夯实管理基本功是数字化转型的前置条件——浅谈管理数字化的基本路径》，《起重运输机械》2021 年第 21 期。

数字经济增速达到 GDP 增速的 3 倍以上，成为稳定经济增长的关键动力。广东、江苏、山东等 13 个省区市的数字经济规模超过 1 万亿元，北京、上海数字经济 GDP 占比超过 50%。2021 年 11 月 26 日，清华大学清华全球产业研究院发布的《中国企业数字化转型研究报告（2021）》详细介绍了我国当下产业数字化转型升级的发展现状，具体如下。

1. 数字化转型近乎在所有行业全面启动

一度走在信息化前列的行业，如互联网、金融、通信、教育等，其数字化转型已经由先前的局部试点示范走向全面规模化发展，数字化应用从基本的数据统计查询向高级的知识发现、自动分析、智能决策等应用跃迁。数字化转型起步相对较晚的行业，如矿业、水利、农业、畜牧业、林业等，普遍认识到传统业务模式难以适应当下的数字环境，数字化转型升级是大势所趋。为顺应技术发展趋势，大量传统产业类型的企业纷纷启动数字化转型升级之路。

2. 数字化生态平台成为产业变革的新载体

领先企业的数字化建设已进入全面优化升级阶段。与同行业竞争对手相比，率先开展数字化转型的企业除在业务拓展、吸引数字化人才、掌握行业数字化相关标准制定的话语权、数字化文化积淀等方面显现出优势外，更在打造数字化生态平台方面展现了领先优势。

3. 企业全面推进新技术的应用落地

大数据、云计算和人工智能技术在更多企业应用落地。企业整体对“上云”的态度更加开放，中小企业的“上云”步伐明显加快。人工智能技术在落地的同时展现出了多样化和规模化。数据管理与大数据分析应用程度加深，区块链技术的场景化应用落地加速。

4. 企业内部组织变革呈现跨部门共通、共享、共创的新走势

为支撑数字化转型的开展，多数企业已建立全新的组织架构。新组织

淡化了部门界限，团队组建更注重跨部门的协作，强调敏捷与灵活，倡导以客户价值为中心，打造“自驱+赋能”的开放、融合、数据及人才等共享的新型企业内部协作体系。

5. 复合型数字人才仍是企业数字化转型的重要缺口

越来越多的企业将人才的内部提拔和外部引入相结合，打造复合型数字化团队，以期在短期内解决复合型人才需求的问题。虽然人才培养与引进的力度明显加大，但同时兼具技术与业务双重能力的复合型人才在规模上不能满足各行业数字化转型升级带来的爆发式人才需求增长，高端人才不足仍然是导致企业数字化转型升级失败的关键因素之一。

6. 外资企业大踏步融入中国本地数字化转型生态圈

外资企业纷纷在中国建立数字化管理部门或管理团队，致力于实现适应中国情境的数字化路线图，支持中国区业务发展，通过与中国数字化生态系统中伙伴的合作来创造价值，并把在中国子公司和生产基地等积累的成功经验向全球其他下属机构扩散。

（三）我国产业数字化转型升级的相关政策

针对产业数字化转型升级这一重大战略需求，我国从中央到地方都提出了产业数字化转型升级建设目标，并出台了相应的实施规划和政策，具体见表1-1。

表1-1　我国产业数字化转型升级的相关政策

发布主体	建设目标	相关政策
中央网络安全和信息化委员会	到2025年，数字中国建设取得决定性进展，信息化发展水平大幅跃升	《“十四五”国家信息化规划》
国家发展和改革委员会	推动政府治理流程再造和模式优化，实现政务信息化建设由投资驱动向效能驱动转变	《“十四五”推进国家政务信息化规划》

续　表

发布主体	建设目标	相关政策
国务院	赋能传统产业转型升级，不断做强做优做大我国数字经济	《“十四五”数字经济发展规划》
北京市政府办公厅、北京市经济和信息化局	深入实施北京大数据行动计划，加紧布局5G、大数据平台、车联网等新型基础设施，推动传统基础设施数字化赋能改造，建设一批数字经济示范应用场景	《北京市关于促进“专精特新”中小企业高质量发展的若干措施》
		《关于支持发展高端仪器装备和传感器产业的若干政策措施》
		《北京市“新智造100”工程实施方案（2021—2025年）》
		《北京市“十四五”时期高精尖产业发展规划》
		《北京市数据中心统筹发展实施方案（2021—2023年）》
		《北京市智能网联汽车政策先行区总体实施方案》
		《北京市支持卫星网络产业发展的若干措施》
上海市政府办公厅、上海市经济信息化委员会	全面实施智能制造行动计划，大力发展在线新经济等新业态新模式，培育壮大一批本土龙头企业，打造新生代互联网企业集群	《上海城市数字化转型标准化建设实施方案》
		《上海市智能网联汽车测试与应用管理办法》
		《新时期促进上海市集成电路产业和软件产业高质量发展的若干政策》
		《推进治理数字化转型实现高效能治理行动方案》
		《上海市先进制造业发展“十四五”规划》
江苏省政府办公厅	推进企业“上云”、标杆工厂和企业数字化转型建设，创建国家“5G+工业互联网”融合应用先导区，支持国家级江苏（无锡）车联网先导区建设，探索建设金融支持科技创新改革试验区、数字货币试验区	《省政府关于加快统筹推进数字政府高质量建设的实施意见》
		《关于全面提升江苏数字经济发展水平的指导意见》
		《江苏省制造业智能化改造和数字化转型三年行动计划（2022—2024年）》
		《江苏省以新业态新模式引领新型消费加快发展实施意见》
		《江苏省“产业强链”三年行动计划（2021—2023年）》

续 表

发布主体	建设目标	相关政策
浙江省政府办公厅	实施"数字赋能626"行动，加快推进农业、工业、服务业数字化转型。优化"1+N"工业互联网生态，打造工业互联网国家示范区，加快国家新一代人工智能创新发展试验区建设。推动企业"上云用数赋智"，推广智能制造新模式	《浙江省数字化改革总体方案》
		《浙江省新一轮制造业"腾笼换鸟、凤凰涅槃"攻坚行动方案（2021—2023年）》
		《浙江省经济和信息化领域推动高质量发展建设共同富裕示范区实施方案（2021—2025年）》
		《浙江省数字基础设施发展"十四五"规划》
		《浙江省全球先进制造业基地建设"十四五"规划》
广东省政府办公厅、广东省工业和信息化厅	将珠三角地区建设成为全国集成电路新发展极；支持广州建设国家区块链发展先行示范区，夯实数字经济发展基础支撑；提升数字经济发展安全保障水平；完善以5G为核心的信息通信产业链条	《广东省数字政府改革建设"十四五"规划》
		《广东省制造业数字化转型实施方案（2021—2025年）》
		《广东省数字政府省域治理"一网统管"三年行动计划》
		《广东省智能制造生态合作伙伴行动计划（2022年）》
		《广东省工业互联网示范区建设实施方案》

三、数字化转型升级面临的挑战

作为数字经济发展的强大引擎，加快利用数字技术推动产业转型升级已成为共识。国家政策支持举措密集加码，产业数字化转型升级正在加速推进，但同时也出现了转型不全、转型不深、不能转型、不便转型、不愿转型等问题与挑战。

（一）转型不全：不同产业、行业和地区的数字化转型升级不均衡

总体上看，数字经济在三次产业中的渗透率均不断提升，但是我国数字化转型升级呈现出"三二一"产业逆向渗透趋势。截至2020年底，我国第一、二、三产业数字化渗透率分别为8.9%、21.0%和40.7%，第三产业数字化发展较为超前，但第一、二产业则明显滞后。科学研究和技术服

务业是数字化渗透最多的行业，其次是面向大众的消费娱乐行业，如体育、影视业、旅游业、商品交易及商务服务业等，而农、林、牧、渔业等由于行业生产的自然属性，数字化转型升级需求相对较弱。各地产业数字化转型升级程度不尽相同，上海、海南、福建、北京等省市位居前列，而贵州、黑龙江、甘肃、云南相对靠后，且东西部地区间差距十分明显。

（二）转型不深：数字技术尚未形成对产业深度赋能

多数制造业企业数字化普及率、生产核心环节数控化率不高，数字技术助推数据创造价值的作用并不明显。在多数企业对数字技术的应用仅停留在信息化管理的初级层面，难以通过数字技术挖掘生产潜力，在核心生产环节数字赋能较弱。同时，工业互联网平台多数由行业领域领军的龙头企业搭建运营，更多满足于其自身需要，未能将上下游产业链的企业广泛接入。

（三）不能转型：受制于关键核心技术短板

关键核心技术不能自主，无法为某些产业发展赋能。与此同时，有些核心技术存在外部依赖，产业转型升级形成的高附加值多数被技术原创国据有，自身只能获得很少的劳动力价值，导致我国数字化转型升级与产业经济融合的倍数效应大打折扣。部分企业担心数字化转型升级会引发数据安全事件，失控的核心技术会导致企业生产与经营受到威胁和制约。

（四）不便转型：监管体系与标准规范不完善

数字化转型升级改变了传统产业的商务模式与组织架构，塑造出新的复杂数字生态系统，该系统具有跨区域、跨行业、多主体、交易快、信任弱、资产轻等特点，出现了许多不同于传统模式的新业务形态与运作机制。现行监管体系多数是针对传统产业特征来制定的，数字化转型升级在实施上存在诸多的不适应。另外，标准体系不统一使得数字化转型升级呈现

“孤芳自赏”的局面。我国目前有数百个工业互联网平台，但由于数据标准、通信标准、接口协议等不统一，分散在不同平台上的产业链相关企业难以实现商业互动和数据共享。

（五）不愿转型：部分企业数字化转型升级的积极性和动力不足

部分中小企业管理层对数字化转型升级认识不足，思想观念滞后，不认同数字化转型升级能够为企业实现更高的价值，缺乏内生动力，导致数字化转型升级缺少系统性和可持续性。另外，产业链上下游企业对数字化转型升级认识不一，各自的转型升级进展难以协调一致，导致转型升级效果大打折扣。

四、 数字化转型升级方法与举措

加快推进产业数字化转型升级，是推动我国经济实现质量变革、效率变革、动力变革的题中应有之义。针对我国产业数字化转型升级面临的挑战，应充分发挥各方面积极作用，推动数字化转型升级试点示范引领，深化数字技术创新应用，营造良好数字生态。

（一）强化顶层设计

按照国务院印发的《“十四五”数字经济发展规划》的要求，中央各部委需要统筹谋划产业数字化转型升级策略和路径，尽快出台关于数字化转型升级的指导性文件，明确总体目标、基本原则、重点任务和保障措施。优先布局重点领域与重点产业，针对区域特征做好不同区域特色的产业数字化转型升级分类发展的指导工作，形成产业数字化转型升级的全局带动效应。在产业数字化转型升级的国家顶层设计基础上，各地方政府要明确产业数字化转型升级目标并出台相应的政策与法规。

（二）营造良好数字生态

夯实基础支撑。新型数字基础设施对产业数字化转型升级有重要的支撑作用。加强对光纤网络、IPv6、5G 等通信基础设施的投资力度，促进其升级和商用转化。积极构建大数据网络中心、智能计算中心和工业互联网平台，提升数字基础设施处理能力和覆盖范围。

发展数据市场。推动产业数字化转型升级的关键就是发展数据市场、实现数据价值。有必要建立健全数据要素市场规则，需要创新提升数据治理水平、大力推进数据开放共享、加快培育数据交易市场、积极推进数字惠民便民，以促进实施国家数据战略。

强化标准规范。推进产业数字化转型升级规范建设，建立完善产业数字化转型升级过程与效用的评价标准与评估体系，构建以促进产业发展为导向的数字化转型升级参考架构，明确数字化转型升级目标，建设与之相适应的数字基础设施，部署符合平台规范的行业应用业务。加强政策和标准引导，完善数字转型升级的战略举措，加强跨行业政策间的相互协同、相互配套，形成持续发展的长效推动机制。

（三）推动示范引领

持续推进两化融合创新发展，加强能源制造、民生应用以及政府服务等领域的数字化转型升级试点示范工作，推动企业接入公共云平台以降低技术和资金门槛，鼓励企业建设私有云环境以满足自身业务特殊需求。加快企业数字化转型升级。面向能源、制造、农业、交通、教育、医疗、文旅、社区、家居、政务等重点行业，构建若干基于数字技术升级的智慧化场景，展示数字化转型升级应用效果，形成一批可复制、可推广的产业数字化转型升级系统解决方案。

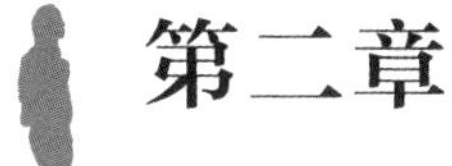

第二章

建立健全数据要素市场规则

“十四五”规划纲要提出“建立健全数据要素市场规则。统筹数据开发利用、隐私保护和公共安全，加快建立数据资源产权、交易流通、跨境传输和安全保护等基础制度和标准规范”。为了建立健全数据要素市场规则，需要创新提升数据治理水平、大力推进数据开放共享、加快培育数据交易市场、积极推进数字惠民便民。

第一节 提升数据治理能效任重道远

一、数据治理概念的缘起与发展

不同机构对数据治理概念有不同的理解和定义，总体上可分为微观层面数据治理和宏观层面数据治理。

（一）微观定义

国际数据管理协会（DAMA）将数据治理定义为“建立在数据管理基础上的一种高阶管理活动，是各类数据管理的核心，指导所有其他数据管理功能的执行”。在《DAMA数据管理知识体系指南》（第二版）中，数据治理是指针对数据资产管理行使权力、控制和共享决策（规划、监测和执行）的系列活动。概括地讲，在微观层面上，数据治理是一个组织对各种数据进行处理、分析和管理的过程，如图2-1所示。

（二）宏观定义

中国通信标准化协会发布的《数据治理标准化白皮书（2021年）》给出了数据治理的宏观定义：“通过法律法规、管理制度、标准规范、技术工

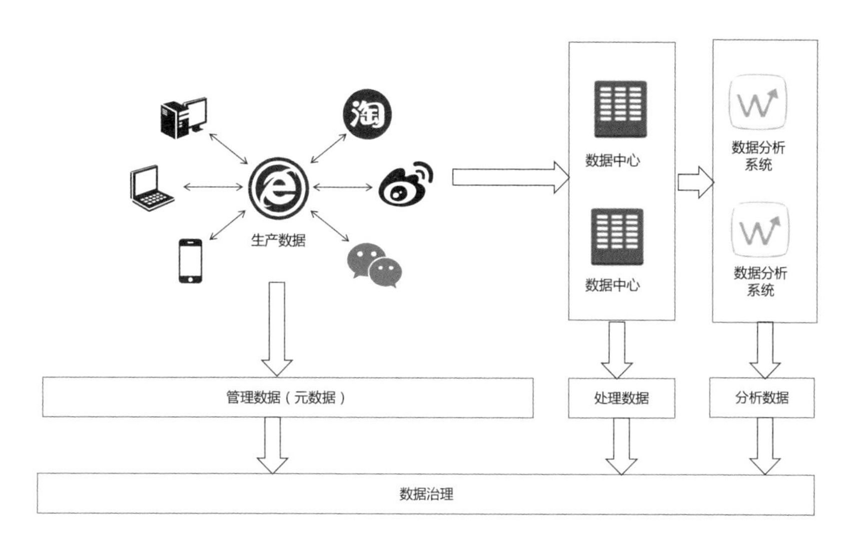

图 2－1　数据治理过程（微观层面）

具等一系列手段，面向个人数据、企业数据、政府数据、公共数据等不同类型数据对象全生命周期内开展有效的管控，以满足企业管理、行业监管、国家治理、国际协作等场景下数据应用的要求。”可以将数据治理概括为“4W1H”模型，如图 2－2 所示。

图 2－2　数据治理“4W1H”模型（宏观层面）

概括地讲，宏观层面数据治理是一套包括组织、政策、法律法规、制度、流程、标准、技术、工具在内的生态体系。当前，数据治理概念侧重宏观定义。

二、 国内外数据治理特点与政策

（一）国内外数据治理特点

数据治理源于企业端，涉及政府、企业和个人，行业内和跨行业，区域内和跨区域，全国乃至全球等多个层次，在国内外呈现出相近的特点。

1. 数据治理成为企业数字化转型的核心驱动力

企业依托数据治理来实现组织、流程、技术和数据的智能协同、动态优化和互动创新，深入挖掘数据资产价值，使数据成为驱动企业数字化转型升级的关键要素，赋能企业战略、运营与业务的创新发展。

2. 数据治理成为政府提升公共管理能力和国家治理能力的重要手段

政府拥有全社会 80% 以上的数据资源，通过运用云计算、大数据、人工智能等现代信息技术，构建数据支撑的公共管理、服务与决策机制，有效提升政府公共管理能力和国家治理能力，促进经济社会的快速健康发展。

3. 数据治理的主体包括政府、企业和个人，也涉及国内国际众多利益相关体

政府和企业是数据治理主体，其收集的数据中大部分是个人数据，个人参与数据治理，能更好保护个人数据和维护个人权益，个人也是数据治理主体。随着数据跨组织乃至跨境流动和应用，数据治理还会涉及行业协会、智库、媒体、国际组织等众多利益相关体。

4. 数据治理不仅依靠技术体系模型，还需要法律法规、教育培训等方法和手段

对于数据采集、挖掘、分析、应用、共享等方面的不规范问题，需要通过出台数据立法和行政规章制度加以明确和规范；对于数据全生命周期的安全防护，要加强网络安全教育和培训，提升数据安全专业技术人员的

技术素质和普通民众的安全意识及技能等。

（二）国内外数据治理政策

当前，世界主要国家和地区都认识到数据对于提升经济社会发展和国家实力的重要意义，陆续通过出台国家数据战略、完善数据立法等方式，促进本国数据资源开放和数据技术开发，抢占数据治理与发展先机。

1. 中国数据治理政策

中国数据战略。2020 年 4 月发布的《中共中央、国务院关于构建更加完善的要素市场化配置体制机制的意见》首次明确要加快培育数据要素市场。推进政府数据开放共享，提升社会数据资源价值，加强数据资源整合和安全保护。2021 年 12 月，中央网络安全和信息化委员会发布《“十四五”国家信息化规划》，规定要建立高效利用的数据要素资源体系，提升数据要素赋能作用。加强数据治理，强化国家数据治理协同，健全数据资源治理制度体系。国务院发布《“十四五”数字经济发展规划》，规定要充分发挥数据要素作用，强化高质量数据要素供给，加快数据要素市场化流通，创新数据要素开发利用机制。数据要素和数据安全上升到国家战略。

中国数据立法。近几年，中国陆续通过了一系列数据治理相关的法律法规，详见表 2－1。

表 2－1　中国数据治理相关的法律法规

发布时间	发布机构	法律法规	数据治理核心内容要点
2019 年 6 月	国家互联网信息办公室	《数据安全管理办法（征求意见稿）》	对近年来网络数据安全问题予以细化，包括个人敏感信息收集方式、广告精准推送、App 过度索权、账户注销难等问题
2020 年 5 月	全国人民代表大会	《中华人民共和国民法典》	明确个人信息定位及界定、主体权利、处理要求及原则，数据活动遵守合法、正当、必要原则

续 表

发布时间	发布机构	法律法规	数据治理核心内容要点
2021 年 6 月	全国人民代表大会	《中华人民共和国数据安全法》	确立数据安全管理各项基本制度、数据安全保护义务，落实数据安全保护责任，坚持安全与发展并重
2021 年 8 月	全国人民代表大会	《中华人民共和国个人信息保护法》	明确个人信息处理规则、个人在个人信息处理活动中的权利和义务、履行个人信息保护职责的部门
2022 年 11 月	国家互联网信息办公室等 13 个部门	《网络安全审查办法》	规定网络运营者开展数据处理活动时，对可能影响国家安全的情况，要及时向网络安全审查办公室报告甚至申报网络安全审查

2. 美国数据治理政策

美国数据战略。为了保障美国国家经济和安全，2019 年 12 月，美国发布《联邦数据战略和 2020 年行动计划》，通过确立一致的数据基础设施和标准实践来建立强大的数据治理能力。2020 年 10 月，美国发布《国防部数据战略》，提出数据是战略资产、数据采集、数据要集体管理、数据访问和可用性、数据符合目的、人工智能训练数据、合规设计、数据伦理等八大原则。

美国数据立法。2019 年 11 月，为限制向特定国家的数据跨境传输，美国制定《国家安全与个人数据保护法提案》；同年 12 月制定《2019 年美国国家安全与个人数据保护法案》，阻止网站和应用程序使用个人数据伤害用户，保护用户不受黑客攻击。

3. 欧盟数据治理政策

欧盟数据战略。2020 年 2 月，欧盟出台《欧洲数据战略》，聚力打造统一公共数据空间，使企业和公共部门能够依靠数据作出更好决策，使欧盟成为数据战略实施方面的全球典范。针对政府数据开放、数据流通、发展数据经济，欧盟还发布了《迈向共同的欧洲数据空间》《迈向繁荣的数据驱动型经济》《建立欧洲数据经济》等多份战略文件。

欧盟数据立法。2018 年 5 月，欧盟发布《通用数据保护条例》，确定了数据保护的合法性基础、数据控制者义务、数据流通标准、数据主体权利、数据救济和处罚等。2021 年 3 月，欧洲数据保护委员会和欧洲数据保护专员公署通过了关于《数据治理法案》的联合意见，增加了对数据中介机构的信任机制和加强整个欧盟数据共享机制，促进数据可用性。

三、 我国数据治理面临的问题与挑战

（一）存在的问题

2020 年 9 月，全国信息技术标准化技术委员会发布了《数据治理发展情况调研分析报告》，报告表明受访企事业单位都普遍认识到数据资产的重要性，开始通过数据治理来提升数据管理和应用水平，但是不同单位数据治理开展情况差异较大。

受访单位所属行业多为信息传输、软件与信息技术服务业和制造业，科学研究和技术服务业；单位规模多为 1000 人以上，其次是 500 ~ 1000 人；多位于北京、广东、上海、四川等地区，普遍是经济发达的地区或城市。主要存在以下问题。

1. 数据治理战略规划缺乏，实施进展不畅、效果不佳

在数据治理相关规划方面，有专门数据治理规划的单位占 38. 2%，没有专门数据治理规划而在 IT 规划中包含数据治理相关内容的单位占 54. 5%，没有数据治理相关规划的单位占 7. 3%。在数据应用方面，能够利用数据并充分发挥其价值的单位占 18. 2%，仅少部分数据得到开发利用或没有开发利用的单位占 80% 以上。

2. 数据治理组织机制不完善，战略领导层参与度不够

在数据治理组织存在形式方面，有独立部门开展数据治理工作的单位

占 23.6%，由虚拟的数据治理组织（如数据治理委员会）开展数据治理工作的单位占 18.2%，由 IT 部门下属实体部门开展数据治理工作的单位占 21.8%，由业务部门下属实体部门开展数据治理工作的单位占 7.3%，没有正式的数据治理组织的单位占 18.2%。在高层领导参与程度方面，高层领导能够全面参与数据治理工作的单位占 20%，高层领导牵头开展数据治理工作的单位占 30.9%，高层领导仅仅关注但不参与数据治理工作的单位约占 50%。

3. 数据治理体系不完善，缺乏健全的标准体系指导

开展了数据标准管理工作（主要集中在建立流程、制度或办法、相关工具，定期对数据标准进行更新维护，设立专门的数据标准管理组织和人员岗位等方面）的单位占 92.7%；建立了数据标准相关考核机制和考核指标，并将其纳入部门日常工作绩效考核的单位占 23.6%。

（二）面临的挑战

目前，数据治理在数据标准化、数据安全和数据主权三个方面存在较大挑战。

1. 数据治理标准化工作复杂且落地运转见效难

存量系统多且运转时间长，包袱化解难；涉及多部门多单位多行业，共识形成难；落地见效慢且需要长期投入。

2. 数据安全治理是数据治理的重点，数据安全保障存在较大挑战

在 2020 年和 2021 年网民遭遇的各类网络安全问题中，数据安全问题所占比例较大，均大于 20%，且有增长趋势。①

3. 跨境数据主权难以界定，数据主权保障存在很大挑战

国际上对于数据跨境流动没有统一的法律法规，发生数据主权纠纷时

---

① 中国互联网络信息中心（CNNIC）：《第 49 次〈中国互联网络发展状况统计报告〉发布》，《中国科学报》2022 年 2 月 28 日。

无统一的适用规则。某数据强国以“信息自由”的名义强取他国数据，威胁他国数据主权。数据因可复制、可共享、无限增长、流动性强等特征，容易被泄露、盗取。

四、 我国数据治理体制机制建设建议

宏观层面上的数据治理实际是国家数据大治理，需要在政府领导下，众多机构参与，工作大协同，凝聚大智慧，所以良好的体制机制建设非常重要。

1. 成立以政府为主导，企业、公众代表、行业协会、产业联盟、消费者保护协会、媒体、智库、国际组织等共同参与的数据治理委员会

数据治理委员会分国家级、省级和地市级，每级委员会设置主任一名，副主任多名，下设多个工作组，包括数据战略组、数据立法组、数据标准组、数据流程制度组、数据技术组、数据集成方案组、数据安全组、数据主体组、数据国际组、数据督查组、秘书组等，各组在数据战略组的组织领导下协同开展工作。委员会主任、副主任由政府人员担任，各工作组按照工作职责，分别从政府、企业、公众代表、行业协会、产业联盟、消费者保护协会、媒体、智库、国际组织等抽调专家构成。根据行业需要，成立行业数据治理委员会。

2. 明确三级数据治理委员会及各自工作组的职责、目标、实施计划和考核标准

国家级数据治理委员会负责统一组织和领导全国的数据治理工作，具体负责数据治理顶层架构设计、政策文件制定、实施指导、实施督查以及国家级数据平台建设运营，省级数据治理委员会负责政策文件细化和指导本省落地以及省级数据平台建设运营，地市级数据治理委员会负责贯彻落

实数据治理政策文件，利用省级数据平台虚拟化建设地市级数据平台，三级数据平台实现互联互通，各级平台与对应级别的政府、企业等主体的数据平台对接，并为数据主体单位提供数据治理指导。

3. 建立健全数据治理各项工作机制

数据治理各项具体工作由对应工作组承担，也可联合社会上有实力的大机构共同完成，建立课题立项和专家评审机制，确保数据治理工作质量。建立定期数据治理工作例会制度和不定期数据治理工作督查机制，促进数据治理工作健康发展。

第二节　推进数据开放共享、打破数据孤岛

《中共中央、国务院关于构建更加完善的要素市场化配置体制机制的实施意见》第二十条“推进政府数据开放共享”中指出，要“优化经济治理基础数据库，加快推动各地区各部门间数据共享交换”。《“十四五”数字经济发展规划》提出“充分发挥数据要素作用”，要求“强化高质量数据要素供给”，“探索面向业务应用的共享、交换、协作和开放”，数据开放共享成为构建数据要素市场的核心基础。

一、数据开放共享的价值

数据正在重塑我们的生产、消费和生活方式。政府通过数据支撑，可以更好地进行政策制定，改进公共服务，企业利用数据可以洞察客户需求、

优化产品和服务，人们基于数据可以重塑更健康的生活方式，并得到更个性化的医疗保健服务。数字经济中无数的 AI 模型支撑着工厂、企业和公共机构的日常生产运作，这意味着机器将加入人类的行列，成为主要的数据消费者。

数据的价值在于使用和重复使用。但是，个人由于隐私顾虑对数据共享缺乏信任，企业担心数据分享影响自身竞争优势，一些政府部门对数据安全也有顾虑，以及一般实体并不具备将原始的分散的碎片化的数据加工转化为高质量、有价值的数据的能力。因为这些问题的存在，大力推进数据开放共享、积极推动足够多的高质量的可互操作的数据供给，成为数据要素市场建设的核心问题。

数据开放共享是在相关数据治理体制机制下，遵守相关法律法规，保障数据安全，通过数据存储、数据处理、计算能力和网络安全相关技术手段，在一定商业及组织模式架构下，经过对数据集、数据对象和标识符进行标准化描述和概述，遵循开放性、可检索性和机器可读性等原则，实现全社会不同行业间以及各行业内部的数据互操作性。

根据开放性、可检索性和机器可读性的数据开放共享三原则，数据一般可以分为两大类。一类是任何人都可以公开使用的公共数据。这类数据是由社会创造的，可用于应对台风、洪水等紧急情况，确保人们生命安全和身体健康，改善公共服务，应对环境恶化和气候变化，并在必要和适当的情况下，确保更有效地打击犯罪。另一类是非公共数据。这类数据基于隐私性、安全性、保密性等原因不能对外公开，须通过许可协议才能获得使用权。

根据数据持有者和数据使用者的不同，还可以对数据共享进行分类，具体见表 2 - 2。

表 2-2 数据共享分类及特点

数据共享类型	特 点
G2B：政府对企业	公共数据面向公众社会、中小企业和科学界开放，便于后者获取相关数据并使用
B2B：企业对企业	因为缺乏足够的信任，或担心失去竞争优势等原因，企业间数据共享仍未达到足够的规模
B2G：企业对政府	公共管理和服务机构对于企业数据的使用，可以改进政策制定和公共服务，例如交通运输管理等政策制定
G2G：政府对政府	政府部门和公共组织之间的数据共享很重要，可以为改善政策制定和公共服务作出巨大贡献

二、 国内外数据开放共享的做法与特点

（一）美国

数据开放共享最早出现于美国。早在 1968 年，在加州的《公共记录法案》中，有关政府数据向公众开放已经形成法规，要求加州各市政府将记录向公众开放。但直到 1995 年，才开始正式有数据开放共享这一概念。2013 年，美国通过《政府信息公开和机器可读行政命令》，正式确立政府数据开放的基本框架：要求数据以多种方式公开发布，发布数据要符合易被发现、易被获取和易被利用的要求。2018 年，美国国会通过《开放政府数据法案》，明确要求采取“机器可读”方式，向公众开放“非敏感性”的政府数据，这一法案为公众更容易获取政府数据提供了法律依据。

（二）欧盟

欧盟一直努力打造标准化的开放数据政策框架，使欧盟成员国更容易以可信、安全、合规的方式获取高价值数据集。2019 年 7 月 16 日，欧盟有关开放数据和公共部门信息再利用的《开放数据指令》生效。该指令关注信息再利用的经济问题，鼓励欧盟成员国尽可能多地提供信息以供再利用。

2020 年，为推动数据开放共享，欧盟数据战略以单一数据市场，即共同数据空间的建立作为战略核心，并制定举措促成对欧洲数据空间 40 亿至 60 亿欧元的联合投资。随后通过的《数据治理法案》，创新性地提出三项促进数据共享的信任机制，包括“公共部门数据再利用机制、数据中介机制、数据利他主义机制”，使公共数据、企业数据、个人数据能在得到保护的前提下实现充分共享。

（三）澳大利亚

2013 年 8 月，澳大利亚政府信息管理办公室发布了《公共服务大数据战略》。该战略以“数据属于国有资产，从设计入手保护隐私，数据完整性与程序透明度，技巧、资源共享，与业界和学界合作，强化开放数据”六大原则为基础，希望推动公共部门基于大数据制定公共政策，开展相关服务改革。为将战略落到实处，还制定了一系列相关具体行动举措。

2019 年 9 月，澳大利亚政府发布《数据共享与公开立法改革讨论文件》，推动公共部门数据使用和共享机制的现代化，以支撑服务的智能高效，为公众提供无缝衔接的用户体验。2021 年，澳大利亚发布《政府间数据共享协议》，该协议为澳大利亚各级政府间进行数据共享提供了法律依据。

（四）我国数据开放共享的做法

近年来，我国政府通过连续发布多项政策措施、制定法律法规、完善管理机制、规范标准体系等手段全方位、立体化促进数据开放共享。部分省区市陆续成立大数据局等相关机构，在此基础上，不断加快政务数据共享的步伐，建设政务数据交换共享平台。国家数据共享交换平台分为两级架构：第一级是中央平台横向联结 72 个中央部门；第二级是中央平台与 32 个省级地方平台互联互通。

自2019年10月1日上海市正式施行全国首部针对公共数据开放的地方政府规章《上海市公共数据开放暂行办法》以来，浙江省、广东省、江西省分别发布各自的公共数据管理办法和条例，公共数据也在不断有序开放。同时，我国也在积极探索和推进政企数据共享模式：一是搭建政企数据共享平台，实现政企优势互补，各取所需；二是政府数据授权运营，从政府主导型向政府合作型转变。

三、 我国数据开放共享现状和面临的挑战

（一）我国数据开放共享现状

根据中国开放数林指数，截至2021年底，我国上线数据开放省级政府平台20个，较2020年底新增3个，城市平台173个，地方平台较2020年底新增48个。全国政府数据开放平台从2017年的20个发展到2021年的193个，可见我国政府数据开放共享增长态势迅猛。其中，作为标杆的政府数据开放在数据准备、数据平台、数据容量三个方面表现如下。

数据准备。数据开放共享相关条例在政府数据开放共享原则，对数据需求申请要及时回应，对数据错误要及时补充、校核和更正等方面均进行了规范和规定，同时要求政府部门收集公众对政府数据开放的意见和建议并改进工作。

数据平台。大力推动省市平台的整合，并在省级平台提供了省域内所有已上线地市平台的有效链接。另外，设置历史数据集专栏并提供历史数据的下载功能，对外公开用户申请有条件开放数据的结果。

数据容量。先进省份数据开放平台提供的省本级无条件开放数据容量近3.2亿，省本级开放数据的单个数据集平均容量约30万；全省域无条件开放的数据容量已接近6.7亿，省域平均单个数据集容量约6.5万。

（二）我国数据开放共享面临的挑战

1. 数据管理组织普遍存在条块分割问题

长期以来的政府工作机制使部门职能条块分割，比如各行业主管部门掌握着大数据，与各地新成立的大数据机构间职能关系有待统筹协调。需要制定数据开放共享的标准规范，保证数据开放共享的渠道畅通，解决基础数据多源头重复采集，数据不一致，数据质量不高导致当前数据不好用、不能用以及不能互操作等问题。①

2. 数据开放共享的价值有待进一步释放

目前数据开放共享范围仅限于政府和公共数据，而且开放共享的程度有限，更多停留于信息公开，应该让更多有需求却不能获取数据的用户不仅能知道数据、发现数据，而且有能力获得数据、利用数据，并对数据进行互操作，进一步释放数据开放共享的潜在价值。

3. 高质量数据的可获得性亟待进一步激发

需要在明确界定数据所有权，确保数据安全合规的基础上，建立相应技术，保障自然人或公司实体对其数据享有专属自决能力、数据使用溯源和跟踪以及数据价值变现的能力。这样才能激发数据所有人或持有人分享数据，实现高质量的丰富多样的数据的可获得性。

四、 数据开放共享空间建设思路与举措

我国公共数据开放共享已经取得一定进展，为进一步发挥数据再利用的潜在价值，需要在数据要素治理体制机制统一框架下，围绕行业、领域数据，规范数据开放共享的框架体系，建设数据空间，促进高质量数据的

---

① 领导微智库：《关于进一步推进我国数据开放共享的建议》，领导微智库公众号，https：//mp. weixin. qq. com/s/epKD5C2tPgrqAXTK3DmKMw。

进一步开放共享，赋能生产、生活和社会治理体系的全面数字化转型。

（一）数据开放共享空间建设思路

首先，根据数据共享对一个正常运转的经济和现代社会系统的重要程度，以及对数据要素体系及生态具有的代表性，选择相应行业或领域，开展相应的试点数据空间建设；其次，总结并探索试点行业或领域数据空间建设的数据治理、技术实现以及组织和商业模式，规范共同数据开放共享框架体系；最后，将试点行业或领域数据空间和生态体系的建设、组织和运营模式汇聚到统一数据开放共享交换框架中，实现跨行业跨领域间的数据开放共享，最终建成国家级的共同数据开放共享空间，如图 2－3 所示。

图 2－3　数据开放共享空间建设框架

（二）建设数据开放共享空间和生态系统的举措[①]

1. 收集并确定数据开放共享体系的各方参与者及其对数据开放共享的需求

确定相关各方参与者及其关注的问题，保证数据空间既有丰富的高质

① Nagel L.，Lycklama D.，“Design Principles for Data Spaces”，OPENDEI，https：//design－principles－for－data－spaces. org.

量的数据供给，又有持续的活跃的使用需求。利益相关方及其关注点详见表2-3。

表2-3 利益相关方及其关注点

利益相关方	关注点
数据消费者	通过访问数据空间来获得并使用数据
数据提供者	采集和管理数据，并在数据空间中提供数据
数据生产者	生成并创建数据
数据所有者	有权授予或撤销访问和使用数据的条款和条件
数据应用提供者	提供对数据进行转换、处理或可视化的应用
数据平台提供者	建构数据平台并提供数据平台运营的能力
数据市场提供者	提供数据市场运营的能力，比如定价、计量和结算等
身份识别提供者	提供对各参与方身份识别及验证的能力

2. 数据开放共享空间需要构建的能力

数据交换能力。允许采用通用的 API 和安全模式以及与所采用的 API 兼容的数据格式表示的数据模型，为有效和高效的数据交换提供框架。

数据交易能力。提供定义和执行数据使用协议的结构，允许合并、指定和发布数据产品，可以在数据交换中执行相应条款和条件（包括定价）。

数据安全和隐私保护能力。数据空间应该提供一种可信赖的结构，数据消费者和数据提供者可以在共同价值观基础上分享其商业利益。

数据合规能力。数据空间应该提供一种结构，在此基础上支持具体的政策和法规。

3. 架构设计并开展数据开放共享空间的研发和建设

建立数据开放共享和交换基础设施的底座。这种用于产业和个人数据的基础设施应该是高度分布式的、可扩展的、互操作的，并符合开放标准。还需考虑跨行业和领域间的互操作性能力的实现。

促进大量数据提供者和数据消费者参与、共享和交换数据，实现业务效率及关键性能指标。同时，还需对管理者、技术人员和用户提供相关数据文化、数据技术和数据技能的培训服务。

建立必要的数据生态系统治理机制。这是在数据主权和数据访问（使用）控制原则下，确保数据提供者和数据消费者在 B2B 模式、行为履行准则、保密以及竞业禁止和合作协议中相互信任的基本条件。

第三节　有序推动培育数据交易市场

《中共中央、国务院关于构建更加完善的要素市场化配置体制机制的意见》第二十六条“健全要素市场化交易平台”中指出，要“引导培育大数据交易市场，依法合规开展数据交易。支持各类所有制企业参与要素交易平台建设，规范要素交易平台治理，健全要素交易信息披露制度”。数据交易是数据要素市场建设的关键一环，要通过安全便捷的交易，促进数据的汇集和流通，从而实现数据的高效利用。以构建数据交易平台的模式推动数据交易与数据流通，已经成为各地数据要素市场建设的重要政策。

一、数据交易市场的构成

数据交易市场是指需要发生数据交易结算场景的专门性服务场所。其构成主要包括交易主体、交易对象、交易平台、交易模式和交易监管。

（一）交易主体

数据交易参与主体是指所有主动或被动参与数据交易活动的主体。按照数据交易主体在数据产业链中的角色进行划分，包括产生原始数据的数据来源者、数据处理者、数据交易场所上市数据产品的提供者和购买者，以及数据交易监管者。按照数据交易主体在数据产生价值过程中的作用，可以分为数据提供商、数据应用商及数据服务商，统称为“数商”。

（二）交易对象

《信息安全技术 数据交易服务安全要求》（GB/T 37932—2019）明确数据交易对象为数据商品，包括用于交易的原始数据或经过加工处理后的数据衍生产品。

（三）交易平台

数据交易平台是指提供“数据资产评估、登记结算、交易撮合、争议仲裁”等运营服务的数据交易服务环境。

（四）交易模式

数据交易模式主要分场内、场外两大类。场内交易模式指的是场内平台交易模式，即通过数据交易所、交易中心等平台进行数据集中交易，此处“场内”指的是包括交易所、交易中心等在内的由政府主导、可监管、可追溯的集中交易平台。场外交易模式包括场外分布交易模式和场外平台交易模式，前者在集中交易平台之外进行数据分散交易，后者在政府监管下由ICT大型企业主导搭建数据平台进行多方数据交易。

（五）交易监管

做好数据交易监管，是保障数据交易市场环境公开、公平、公正的基础。数据交易监管主要聚焦数据交易机制的建立与完善，从制度创新、资源融合共享、公共数据开放、应用创新、产业聚集、要素流通、市场监管等角度，规范数据交易行为，增强政府及行业的监督与管理职能。数据交易的监管主要依托政府，以数据服务机构自律为辅助。

二、 国内外数据交易市场政策及趋势

（一）国外数据交易市场政策及趋势

美国数据经纪模式。美国数据交易市场已经形成了以数据经纪商为代表的典型数据交易模式。数据经纪商通常是通过收集消费者数据，创建消费者个人数据文档，随后向他人出售或者分享这些数据的公司。为了保障数据交易，避免消费者数据权利缺位、行业透明性低、潜在的消费者歧视等风险和问题，美国主要从政府监管和行业自律两个方面采取了相应的措施。

在政府监管方面，美国从 2014 年至今相继发布了《数据经纪商问责制和透明度法案》《2019 年数据经纪商法案》等法律，通过立法赋予个人数据知情权和决定权，确立了年度登记注册等旨在提高数据经纪业行业透明度的制度。在行业自律方面，通过行业内部措施自我完善来确保数据准确可靠，美国大多数数据经纪商会与数据来源企业签署书面合同，以保证数据来源于各级政府、公开网络等正规合法渠道，最大限度保障数据质量。在日常系统维护中，很多经纪商也会注重安全管理和加强身份验证、加密等安全技术运用，以此来强化数据安全性。

欧盟数据中介模式。2022 年正式生效的欧盟《数据治理法案》，将“数据中介服务”定义为旨在通过技术、法律或其他手段，在数量不确定的数据主体、数据持有者与数据使用者之间，为了数据共享而建立商业关系的服务。

《数据治理法案》提出，为了提高对这种数据中介服务的信任，有必要建立欧盟层面的监管框架。该框架将有助于确保数据主体、数据持有者以及数据使用者根据欧盟法律对其数据的访问和使用有更好的控制。欧盟委

员会还鼓励和促进在欧盟层面制定行为准则，特别是在互操作性方面，让利益相关者参与进来。

（二）我国数据交易市场政策及趋势

国家政策要求。中共中央、国务院2020年以来出台的要素市场化配置系列文件，以及国家和相关部委的“十四五”规划，都从国家层面对培育数据交易市场提出了政策要求。一是鼓励各类所有制企业参与建设要素交易平台；二是推动建设市场定价、政府监管的数据要素市场机制；三是发展“数据资产评估、登记结算、交易撮合、争议仲裁”等市场运营体系；四是建立健全交易流通的基础制度和标准规范；五是探索多种形式的数据交易模式；六是探索隐私计算交易范式，“分级分类、分步有序推动部分领域数据流通应用”[①]；七是探索有利于超大规模数据要素市场形成的财税金融政策体系。

地方政策趋势。2021年以来，各地政府陆续发布了促进数据要素市场发展的相关文件和数据条例，结合本地实际，对建设数据交易市场的相关国家政策进一步落实和细化。地方性数据立法在局部先行推出、投入实施，成为推动数据要素流通的重要增量依据。一是基本上都出台了推动建设数据交易平台或场所的内容；二是明确市场主体可依法开展数据交易活动，并采用“负面清单”的方式规定可以用于数据交易的对象，其中《深圳经济特区数据条例》规定数据交易的前提为合法处理数据形成的“数据产品和服务”；三是支持数据交易服务机构有序发展，为数据交易提供专业服务；四是明确公共数据的授权运营机制；五是培育数据交易市场生态体系；六是强化数据交易监管，建立数据交易跨部门协同监管机制，打击数据垄

---

① 《国务院办公厅关于印发要素市场化配置综合改革试点总体方案的通知》，中华人民共和国中央人民政府网，http：//www. gov. cn/zhengce/content/2022 -01/06/content_5666681. htm。

断、数据不正当竞争行为。

三、 数据交易市场中存在的问题与挑战

2015—2017 年，各地先后成立了 20 余家由地方政府主导的数据交易平台，但此批数据交易机构在运营发展中并未达到预期效果，存在同质化竞争严重、数据来源不足、数据开发利用程度低、交易产品单一、交易模式不成熟等一系列问题，已基本停止运营或转变经营方向。

总体来看，目前我国数据要素市场还处于起步阶段，发展水平尚不能适应经济社会数字化转型的实际需求。一是在总量方面，场内交易发育不充分、市场主体进场意愿不足、场外交易乱象时有发生；二是在结构方面，依然存在明显的区域壁垒、部门壁垒和行业壁垒；三是在实际运行方面，支撑数据要素流通的交易要件体系尚未有效建立，数据的有效供给不足，数据产品的标准化和商品化不足，难以界定权属、难以有效定价、难以可信流通；四是在核心技术支撑方面，数据可信流通的技术创新依然不足，无法满足多样化的现实需求。

四、 数据交易市场建设思路及举措

2020 年以来，我国数据交易平台建设进入新一轮发展高潮，山西、广西、北京、上海、重庆、湖南等地新成立了一批数据交易机构，深圳数据交易所、北方大数据交易中心等也陆续启动建设。同时，多地政府工作报告中都有推动建设数据交易场所的相关内容。经历了上一阶段的摸索、研究，新一批数据交易机构正在审慎、扎实、稳步地推进建设。充分发挥市场创新力量、健全数据交易市场体系，将成为挖掘数据潜在价值、释放数字红利、健全数据要素市场化配置的必由之路。

强化数据交易市场体系顶层设计。建设包括国家级数据交易所、区域级交易中心、行业数据交易平台在内的多样化、多层次市场体系，引导多种类型的数据交易所共同发展，强化其公共属性和公益定位。

完善和规范数据流通规则。构建在使用中流通、场内场外相结合的交易制度体系，规范引导场外交易，培育壮大场内交易，有序发展跨境交易。

建立数据可信流通体系。打造数据来源可确认、使用范围可界定、流通过程可追溯、安全风险可防范的数据可信流通范式。

培育数据流通交易生态。构建“所商分离”的数据交易体系，将数据交易所与数据商功能分离，培育交易所、交易主体、数据商和第三方专业服务机构共同构成的数据流通交易生态，壮大数据产业。

增加数据高质量供给。支持数据处理者依法依规采取开放、共享、交换、交易等场外和场内方式流通数据，引导大型央企国企、大型互联网企业将具有公共属性的数据要素开放至数据交易市场，鼓励各类数据服务商进场交易。

构建集约高效的数据流通基础设施。为场内集中交易和场外分散交易提供低成本、高效率、可信赖的流通环境，支撑数据、算法、算力核心资源的一体化流通，覆盖数据流通交易全生命周期，提供安全可信的流通环境和绿色高效的算力保障。

从地方实践来看，2021 年 11 月成立的上海数据交易所，聚焦确权、定价、互信、入场、监管等关键共性难题，进行了“数商体系、交易配套制度、全数字化交易系统、数据产品登记凭证、数据产品说明书”等系列创新。[①] 2022 年 5 月正式通过的《深圳市探索开展数据交易工作方案》提出

① 邹媛：《深圳将建新型数据交易信息化平台 培育约 5 家知名跨境数据商》，《深圳特区报》2022 年 5 月 15 日。

要“加快建设全国性数据交易平台，激活释放数据活力，推动数字经济高质量发展”，部署了“建设新型数据交易信息化平台，培育高频标准化交易产品和场景，制定数据交易制度规则和技术标准，构建完善的数据交易服务体系，稳步推进数据资产化、资本化，强化数据交易全过程监管”的数据交易平台建设举措。

第四节　积极推进数字惠民便民

一、 数字惠民便民的内涵

数字惠民便民涵盖了人民群众日常生活的方方面面，“十四五”规划纲要指出，促进公共服务和社会运行方式创新，构筑全民畅享的数字生活，提供智慧便捷的公共服务，构筑美好数字生活新图景。这就是数字惠民便民的愿景目标。数字惠民便民的核心是应用数字技术提升为人民服务水平，增强人民群众的获得感、幸福感、安全感，共享数字红利。数字惠民便民的内涵有以下几个层次。

其一是普及信息化服务，实现全民拥有上网自由，随时随地畅游互联网，奠定畅享数字生活、共享数字红利基础。

其二是政务服务升级，实现全流程一体化，“一网通办”取得新突破，最大程度地落实“让百姓少跑腿、数据多跑路”；数据驱动政务服务体验再造，从被动服务走向主动服务、精准服务。

其三是数字技术嵌入公共服务，促进公共服务均等、普惠、便捷。应用数字技术优化教育、医疗等公共服务供给，在最大程度上缓解因地区发展不平衡、不充分导致的城乡公共服务差异大等问题，惠及偏远地区、弱势群体。

其四是在全社会形成数字惠民便民生态。以政务服务、公共服务数字惠民便民垂范，牵引教育、医疗、通信等社会主体，以数字惠民便民为指导升级服务，同时推进政府部门、社会主体开放和共享公共数据，合力打造数字惠民便民生态。

二、 数字惠民便民的作用及特点

下面从信息基础设施、政务服务、公共服务等领域的惠民便民举措，对当前数字惠民便民成效和特点进行总结。

（一）提速降费，信息基础设施升级惠民

2015—2018 年连续 4 年实施网络提速行动，建成全球最大规模光纤、4G 和 5G 网络，信息基础设施规模全球领先。取消国内语音长途和漫游、流量漫游，长途市话同价；向建档立卡贫困户推出扶贫套餐；推进宽带和专线降费，平均资费降幅超过 70%；2015 年以来，固定宽带单位带宽、移动网络单位流量平均资费降幅超过 95%；推进电信普遍服务，全面实现“村村通宽带”，99% 的行政村实现光纤和 4G 网络双覆盖；全国中小学 100% 实现宽带接入；远程医疗能力覆盖所有贫困县县级医院。[①][②] 通过上述举措，我国信息基础设施发生了翻天覆地的变化，惠及千行百业、千乡万村。

（二）政务服务“一网通办”慧政便民

经历电子政务（2000—2014 年）、“互联网 + 政务服务”（2015—2018

---

① 《国务院政策例行吹风会实录：全力为老百姓提供用得上、用得起、用得好的信息服务》，《人民邮电报》2021 年 4 月 20 日。

② 《工信部新闻发布会实录（摘编）：全面实现“村村通宽带”贫困地区通信难题得到历史性解决》，《人民邮电报》2021 年 12 月 31 日。

年）、数字政府（2019 年至今）三个阶段，从信息发布、政民互动起步，到拉通部门间数据、政务服务流程再造，走向应用数字技术构建协同高效的政府数字化履职体系，打造政务服务“一网通办”、城市治理“一网统管”、政府运行“一网协同”能力框架。应用最成熟的是“一网通办”，通过泛在的触点（App、微信、官网、一体机、服务大厅等），实现“只进一次门、指尖点一点”什么都能办。

延伸阅读

广东“一网通办”实践①

面向企业和群众，打造“粤省事”“粤商通”品牌，通过官网、微信、App 等方式实现泛在服务。截至 2021 年 7 月，“粤商通”App 注册商事主体突破 600 万，集成涉企重点事项 961 项，依托“手机亮证”，在全国率先实现了“免证办”。“粤省事”微信小程序，实名注册用户突破 9347 万，上线高频民生服务 1706 项，1231 项服务实现“零跑动”，111 项服务实现“最多跑一次”，业务量累计超过 51.6 亿件，如图 2－4 所示。

（三）数字化公共服务便民惠民

最为成熟的应用是以社会保障卡为载体的社保“一卡通”，截至 2021 年末，社保“一卡通”全国持卡人数达到 13.5 亿，超过 5 亿人领用了电子卡，电子卡已开通 62 项全国服务、1000 余项各省市属地服务，2021 年线上服务量达到 112.5 亿人次，居民服务“一卡通”工程稳步

① 《广东省人民政府关于印发广东省数字政府改革建设“十四五”规划的通知》，广东省人民政府网，http：//www.gd.gov.cn/zwgk/wjk/qbwj/yf/content/post_3344999.html。

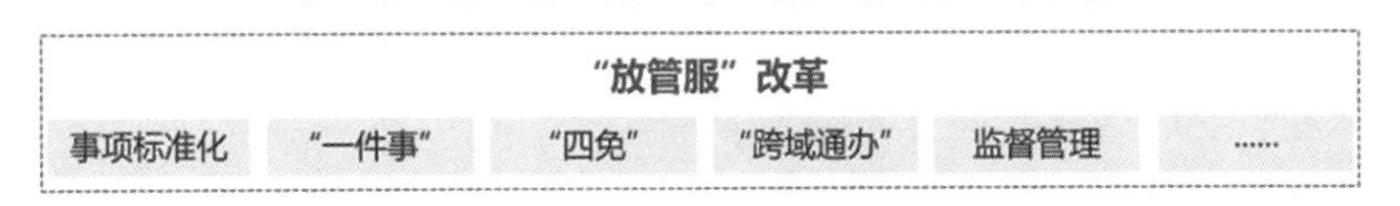

图 2-4　广东政务服务"一网通办"示意

推进。[1]

社保"一卡通"能办事、能发钱、能看病、更智能。人社领域 95 项应用开通用卡，就业服务、职业培训、社保关系转移、社保待遇资格认证、查询社保权益等均能线上线下"一卡办"；社保"一卡通"能领取就业补贴、养老金、失业金、工伤津贴、农民工工资，能发放惠民惠农财政补贴、国家助学金；实体卡、电子卡已全面支持各地就医购药；先行省和地市实现社保"一卡通"乘公交、借阅图书、进博物馆和公园景区。[2]

---

① 《2021 年度人力资源和社会保障事业发展统计公报》，中华人民共和国人力资源和社会保障部网，http：//www. mohrss. gov. cn/xxgk2020/fdzdgknr/ghtj/tj/ndtj/202206/t20220607_452104. html。

② 《社保卡"一卡通"！这些事都能用社保卡办了，你知道吗?》，中华人民共和国人力资源和社会保障部网，http：//www. mohrss. gov. cn/SYrlzyhshbzb/dongtaixinwen/buneiyaowen/rsxw/202202/t20220225_436787. html。

在线课堂、互联网医院、智慧图书馆、智慧文博、智慧法院蓬勃发展，打破了地域限制，扩大了优质公共服务资源辐射范围。一些城市还以大数据、物联网技术为基础，探索主动、精准公共服务。例如，上海、广州、宁波等城市，通过智能水表、智能电表监测独居老人用水、用电情况，一旦数据异常，“一网统管”平台便会触发告警通知家属或社区工作人员，守护独居老人的生命安全。①②③

（四）数字乡村惠民便民

中共中央办公厅、国务院办公厅在2019年5月印发了《数字乡村发展战略纲要》，中共中央网络安全和信息化委员会办公室等部门在2022年4月印发了《2022年数字乡村发展工作要点》，全国各地积极响应，“互联网+政务服务”向乡村延伸，数字农业生产、数字化产销对接、数字文旅服务、“互联网+教育”在广大农村地区落地开花，数字技术赋能乡村振兴、乡村治理，成效显现。

延伸阅读

山东泰安肥城市：打造“数字乡村”便民惠民④

肥城市抢抓入选首批国家数字乡村试点区机遇，以数字农业为引领，推动数字惠民便民。

① 吴采倩、张丛婧：《上海推“智慧养老”新举措，独居老人水表12小时不走自动报警》，《新京报》公众号，https://baijiahao.baidu.com/s?id=1685840569504733347&wfr=spider&for=pc。

② 梁怿韬、曹浏：《广东广州：水表管家上线 守护独居老人》，学习强国平台，https://www.xuexi.cn/lgpage/detail/index.html?id=14352002450912926977&item_id=14352002450912926977。

③ 陈朝霞：《浙江宁波海曙：用电异常 自动警报，智能电表“守护”独居老人》，学习强国平台，https://www.xuexi.cn/lgpage/detail/index.html?id=6610766883819209157&item_id=6610766883819209157。

④ 纪宗玉、赵卓：《山东泰安肥城市：打造“数字乡村”便民惠民》，学习强国平台，https://www.xuexi.cn/lgpage/detail/index.html?id=15147864582626599347&item_id=15147864582626599347。

数字农业成为乡村发展新动能：遥感、定位系统、网络技术、自动化技术被应用在水果生产全过程，自动巡检机器人进行巡检，专家远程提供“全链条”生产指导，特色农产品的生产、加工、销售加快数字化转型。2020年，肥城市网络零售额达10.7亿元，同比增长16.8%。

数字技术缩小城乡公共服务差距：“互联网+政务服务”走进乡村，超过280项政务服务纳入省级平台。充实优质教育在线资源120余万个，涵盖中小学所有学科教材版本；30所学校建成3D打印创客工作室，19所学校建成机器人实验室，缩小了城乡教育资源差距。推出“服务建安App”，集成党员管理、人才交流、职业培训、法律援助、信息沟通、返乡创业等功能于一体，服务新型农业工人。

从成效来看，我国的信息基础设施规模和能力全球领先，“互联网+政务服务”的广度、深度不断提升，数字便民应用丰富多样。一是数据共享流通、信息系统拉通。“一网通办”的“通”是数据流通共享、信息系统拉通；社保“一卡通”还拉通承担公共服务的社会主体（医院、公交公司、银行等）。二是落脚点在“办”，企业和群众办事便捷、公共服务便捷。三是应用数字技术打破时空限制，扩大了高水平公共服务机构服务半径，推进了公共服务智能、便捷。

三、数字惠民便民存在的问题与挑战

虽然数字惠民便民成效显著，但要实现公共服务智慧便捷、全民畅享数字生活的远景目标，还存在诸多挑战。

从数字基础设施看，除了4G、5G和光纤宽带等泛在网络连接能力之外，还需要更强大的物联数通的新型感知基础设施、云网融合的新型算力设施，以支持公共基础设施的数字化、智能化升级和相关的云数据中心升级，奠定数字惠民便民基础。

从政务服务来看，面向个人的政务服务线上功能齐全，但涉企服务、跨域服务还有很大的提升空间，需要以应用为导向，在全国范围内推动省际公共数据共享流通，更大范围地拉通信息系统，做到全国一盘棋。

从公共服务来看，因区域、城乡发展不平衡不充分，公共服务供给能力差距较大，加上低收入群体，老年人，偏远地区、民族地区、脱贫地区居民等人群的数字技能不足，公共服务均等普惠便捷还有很长的路要走。

四、 数字惠民便民建设思路与举措

立足"构筑全民畅享的数字生活"的愿景目标，针对当前数字惠民便民的问题与挑战，以下从电子政务、公共服务，以及立足未来的全民数字素养和技能三个方面，提出数字惠民便民建设思路和举措建议。

（一）电子政务服务慧政便民升级

针对乡村电子政务服务、涉企服务和跨域服务相对薄弱的问题，要从几个方面提升"一网通办"能力。一是电子政务贯穿到最末梢基层组织，尤其是偏远地区、民族地区、脱贫地区，让更广泛的人群享受到智慧便捷的政务服务。二是推广"一企一证"、应用"区块链 + AI"等创新举措，增强涉企服务"一网通办"能力，提升涉企政务服务质量和便利化水平。[①]三是通过增强电子政务平台的统一身份认证、电子证照等共性支撑能力，扩大电子证照应用领域和"证照免提交"范围，实现更多政务服务事项"跨省通办"。

---

① 《广东省人民政府关于印发广东省数字政府改革建设"十四五"规划的通知》，广东省人民政府网，http：//www. gd. gov. cn/zwgk/wjk/qbwj/yf/content/post_3344999. html。

（二）数字化公共服务应用

为更好满足人民群众对教育、医疗、养老、文体等公共服务的需求，以及针对性解决区域、城乡公共服务差距大等问题，要加大数字普惠医疗、数字人社服务、数字文旅等民生应用的试点和应用推广，创新公共服务模式。

推进医疗机构数字化，提高普惠数字医疗能力。包括：医疗机构的全流程数字化、医疗机构间的数据共享和业务协同；规范和拓展“互联网＋医院”“互联网＋远程医疗”应用等。

更大范围地推动社保“一卡通”在政务服务、社会保障、城市服务等领域的应用。如：通过对接社区、就业和失业等数据，建设低收入人群动态监测能力，实施“互联网＋救助”。

拓展数字文旅应用。培育云旅游、云演艺等新业态，更好满足新冠肺炎疫情之下人民群众追求美好生活需要；让经济发达地区的优质文旅资源（如文化馆、博物馆、科技馆等）等以数字化方式走进乡村、走进偏远地区。

（三）提升全民数字素养与技能，让全民畅享数字生活行得稳、走得远

针对数字技术日新月异，数字资源珍珠和泥沙共存，低收入群体，老年人，偏远地区、民族地区、脱贫地区居民等人群的数字技能不足等问题，推进全民数字素养和技能提升行动，让全民畅享数字生活行得稳、走得远。

精准提升信息弱势群体数字技能，缩小数字鸿沟：关注信息弱势人群（老弱病残孤群体、“老少边”地区居民等），围绕智能终端使用、支付、就医、防疫、补贴领取等常用场景，整合运营商、商超、医院、社区志愿者等资源，开展场景化的精准辅导。

实施数字素养养成计划，培养新一代数字公民。面向中小学生，开展

正确上网观、正确使用智能终端培训；在思政教育中增加数字礼仪教育，厚植数字公民责任意识；在大、中、小学设置数字技能课程和科创活动项目，激发年轻人的数字创新潜能。

政府搭平台、社会主体广泛参与，丰富数字技能教育资源，提升全民数字素养。政府部门统筹规划通识性数字技能、职业性数字技能目录。对于通识性数字技能，政府发布工作计划、招募示范项目，激励高职院校、培训机构、运营商等社会主体，开发培训课程、承担相应的教育培训。政府部门指导行业协会在相关工种中增加数字技能要求，优化相应的职业培训和认证课程体系。在优质融媒体平台（如“学习强国”等）中汇聚数字技能在线学习资源，更好地满足人民群众的学习需要。[①]

---

① 《“十四五”国家信息化规划》，中华人民共和国国家互联网信息办公室网，http：//www.cac.gov.cn/2021－12/27/c_1642205314518676.htm。

第三章
营造规范有序的政策环境

“十四五”规划纲要指出“构建与数字经济发展相适应的政策法规体系。健全共享经济、平台经济和新个体经济管理规范，清理不合理的行政许可、资质资格事项，支持平台企业创新发展、增强国际竞争力。依法依规加强互联网平台经济监管，明确平台企业定位和监管规则，完善垄断认定法律规范，打击垄断和不正当竞争行为。探索建立无人驾驶、在线医疗、金融科技、智能配送等监管框架，完善相关法律法规和伦理审查规则。健全数字经济统计监测体系”。

近年来，网络空间从鱼龙混杂到风清气正，中国通过互联网发出了自己的声音，世界通过互联网读懂了一个新时代的中国。国家有关部委一项项重磅监管措施落地落实，建设和规范双管齐下，平台企业规范的发展思路、整改的方案框架、公平监管和开放合作的态度越发清晰。潮平两岸阔，风正一帆悬。营造数字生态治理新环境，还须坚持综合施策，推动数字生态可持续发展。

第一节　构建清朗网络空间的重要性日益凸显

一、清朗网络空间的内涵

互联网伴随着信息技术的快速进步孕育而生，互联网的发展正推动社会、经济、政治、文化等不断向前演进，引发颠覆性革命。互联网技术的内涵已经从最初的科技属性逐步扩展为人们交流的主要平台的社交属性、新闻信息传播的主要载体的媒体属性以及文化意识形态角逐的阵地的社会属性，成为中国共产党治国理政、凝聚共识、汇聚正能量、打赢舆论战的新空间，正作为推动第四次工业革命的主要动力，深刻影响着人类社会的进程。

党的十八大以来，习近平总书记高度重视网络生态建设，就深入开展网上舆论斗争、推进依法治国等提出了一系列重要论述，强调要营造一个风清气正的网络空间。

延伸阅读

深入开展网上舆论斗争

要解决好“本领恐慌”问题，真正成为运用现代传媒新手段新方法的行家里手。要深入开展网上舆论斗争，严密防范和抑制网上攻击渗透行为，组织力量对错误思想观点进行批驳。要依法加强网络社会管理，加强网络新技术新应用的管理，确保互联网可管可控，使我们的网络空间清朗起来。做这项工作不容易，但再难也要做。

——2013 年 8 月 19 日，习近平在全国宣传思想工作会议上的讲话

推进依法治网

网络空间是虚拟的，但运用网络空间的主体是现实的，大家都应该遵守法律，明确各方权利义务。要坚持依法治网、依法办网、依法上网，让互联网在法治轨道上健康运行。

——2015 年 12 月 16 日，习近平在第二届世界互联网大会开幕式上的讲话

网络空间是亿万民众共同的精神家园

网络空间是亿万民众共同的精神家园。网络空间天朗气清、生态良好，符合人民利益。网络空间乌烟瘴气、生态恶化，不符合人民利益。谁都不愿生活在一个充斥着虚假、诈骗、攻击、谩骂、恐怖、色情、暴力的空间。

——2016 年 4 月 19 日，习近平在网络安全和信息化工作座谈会上的讲话

让网络空间正气充盈

我们要本着对社会负责、对人民负责的态度，依法加强网络空间治理，加强网络内容建设，做强网上正面宣传，培育积极健康、向上向善的网络文化，用社会主义核心价值观和人类优秀文明成果滋养人心、滋养社会，做到正能量充沛、主旋律高昂，为广大网民特别是青少年营造一个风清气正的网络空间。

——2016 年 4 月 19 日，习近平在网络安全和信息化工作座谈会上的讲话

2022 年 5 月 6 日《中国网信》杂志发表《习近平总书记指引清朗网络空间建设纪实》，对过去 10 年我国清朗网络空间建设的成绩概括为：网络空间主旋律高昂、正能量充沛，社会主义核心价值观深入人心、滋养网络空间，网络生态惠风和畅、天朗气清；防范和化解一系列重大风险隐患，打赢了一系列网上重大斗争，互联网这个最大变量日益成为党和国家事业发展的最大增量；网络空间涌动着信息时代媒体融合发展的血液，创新产品迭出，成果丰硕，中国互联网发展不断造福人民群众。前期的发展基础使得中国具备了将网信发展实践转化为国际规则的能力。

二、 网络空间治理的特点与政策

自2010年以来，国际法在网络空间治理中的作用日益受到重视，运用国际法来规范网络空间秩序逐步成为共识。2011年5月，美国政府公布《网络空间国际战略》，表示将不惜动用军事力量报复威胁到美国国家安全的网络攻击。2011年7月，美国国防部发布《网络空间行动战略》，将网络空间列为第五大“行动领域”，与海、陆、空、太空并列。[①] 2012年9月，美国国务院法律顾问高洪柱在其“网络空间的国际法”演讲中阐释了武装冲突法在网络空间适用的原则。2016年10月，美国国防部称美军网络司令部所属全部133支国家网络任务部队已初步具备作战能力；[②] 2016年12月，奥巴马作为时任总统签署了《2017财年国防授权法案》，美军网络空间司令部晋升为统一司令部，赋予其高于且超出大部分其他作战司令部的权限，从而为网络作战建立起一套统一指挥体系。[③] 2017年1月，特朗普就任美国总统后，打破了奥巴马政府划定的网络行动边界，将现实世界传统安全问题引入网络空间，开展“泛网络安全化”的大国竞争，打造进攻性网络力量。2021年1月，拜登上任以来，在国际政治领域评估威胁、界定利益并塑造对手，布局关键基础设施保护、供应链安全和新技术发展，加强部门协调、公私合作和国际协同，打造网络空间“全政府”“全国家”“全系统”模式，拜登政府的网络空间战略雏形初显。[④]

---

① 梁猛、韩跃、乔正：《美国<国防部网络空间作战战略>述评》，《国防科技》2012年第1期。

② 《美133支网络部队全部具备初步作战能力》，新华网，http://www.xinhuanet.com/world/2016-10/25/c_1119783644.htm。

③ 高荣伟：《美国网络空间安全战略建设》，《军事文摘》2018年第9期。

④ 桂畅旎：《拜登政府网络安全政策观察》，《信息安全与通信保密》2021年第10期。

互联网起源于美国，目前施行的全球网络空间国际规则，绝大多数也是在以美国为代表的西方国家的主导下建立的，难以反映大多数国家尤其是发展中国家的意愿和利益，未获得普遍认可。随着中国互联网的迅速崛起，发展中国家在网络空间中的话语权不断增强，全球互联网治理格局“东升西降”的态势进一步显现，网络空间治理的形势和秩序日趋活跃复杂，亟须国际社会从不同领域加大对全球互联网空间治理的政策供给，填补规则空白。

延伸阅读

美国《网络空间国际战略》

美国政府于2011年5月16日发布了一份《网络空间国际战略》，这份战略的副标题是“网络化世界的繁荣、安全与开放”，宣称要建设一个开放、互通、安全、可靠的未来网络空间。战略包括“制定网络空间政策”、“网络空间未来”、“政策重点”及“继续前进”四个部分，列出了经济、保护网络、执法、军事、互联网管治、国际发展、互联网自由等7个方面的重点政策。该战略立足国际，实现国内、国际整合，订立“规矩”，突出互联网自由，传达出网络空间国际规则制定要由美国主导和美国有能力采取所有可能手段打击危及国家利益的网络攻击两个明确信号。①

知名学者、中国互联网协会研究中心执行主任方兴东认为，全球网络格局在经历了“美国绝对主导”“美国主导”“中国开始崛起”“中国崛

① 唐岚：《解读美国 <网络空间国际战略>》，《世界知识》2011年第12期。

起”四个阶段后，现已进入了“中美两强博弈”的相持阶段。[①]

我国“十三五”规划中，明确提出了“实施网络强国战略”目标。2017年6月1日起施行的《中华人民共和国网络安全法》（以下简称《网络安全法》），是我国第一部全面规范网络空间安全管理方面的基础性法律，从微观层面讲，这意味着各网络运营者要履行网络安全责任，从宏观层面讲，这意味着网络空间同国土安全、经济安全一样，成为国家安全的一个重要组成部分；2016年12月27日发布实施的《国家网络空间安全战略》，是我国第一次向全世界系统明确地宣示和阐述对于网络空间发展和安全的立场及主张，明确了坚定捍卫网络空间主权、坚决维护国家安全、保护关键信息基础设施、加强网络文化建设、打击网络恐怖和违法犯罪、完善网络治理体系、夯实网络安全基础、提升网络空间防护能力、强化网络空间国际合作等9个方面的战略任务。该战略和他国已发布的网络空间安全战略既有相通之处，又立足中国国情和特色，体现了“创新、协调、绿色、开放、共享”新发展理念和“依法治国”国家治理基本方略在网络空间治理领域的落实。

三、 网络空间治理面临的问题与挑战

2021年以来，国家网信系统以营造清朗网络空间为目标，坚持问题导向，扎实推进空间治理工作。开展的国家“清朗”系列专项行动的重点任务（详见表3-1、表3-2）取得了良好的成绩，但仍有新问题、新挑战不断出现，需要进一步加大工作力度，毫不松懈地持续推进。[②]

---

① 黄志雄：《互联网监管的“道路之争”及其规则意蕴》，《法学评论》2019年第5期。

② 《整治网络乱象 八个方面“大扫除”》，《海南日报》2021年5月9日。

表 3-1　2021 年度国家“清朗”系列专项行动的重点任务

序号	重点任务
1	整治网上历史虚无主义。全面清理歪曲党史国史军史、鼓吹历史虚无主义等有害信息
2	整治春节网络环境。重点整治首页首屏不良信息、生活服务类平台广告推送、网红主播行为、恶意营销、不良网络社交行为和网络暴力等网络生态问题
3	算法滥用治理。规范应用推荐算法进行新闻信息分众化传播的行为和秩序，指导互联网平台优化信息过滤、排名、推荐机制
4	打击网络水军、流量造假、黑公关
5	未成年人网络环境整治
6	整治 PUSH 弹窗新闻信息突出问题。集中整治移动客户端 PUSH 推荐违规“自媒体”信息、标题党文章、导向错误信息等突出问题
7	规范网站账号运营。整治假冒党政机关、媒体、机构和名人账号名称等违反管理要求的问题乱象。整治蹭时政热点、标题党、色情“擦边球”、规模化“洗稿”等恶意营销乱象
8	整治网上文娱及热点排行乱象

表 3-2　2022 年度国家“清朗”系列专项行动的重点任务

序号	重点任务
1	打击网络直播、短视频领域乱象
2	整治信息内容乱象
3	打击网络谣言
4	整治暑期未成年人网络环境
5	整治应用程序信息服务乱象
6	规范网络传播秩序
7	算法综合治理
8	整治春节网络环境
9	打击流量造假、黑公关、网络水军
10	互联网用户账号运营专项整治

四、 网络空间治理经验做法

党的十八大以来，我国网络空间法治建设快速推进，互联网内容建设与管理相关法律法规逐步健全。网络安全、数据安全方面的国家法律法规、地方政策、行业规章相继出台，互联网新闻内容服务相关规定相继发布实施，为强化网络执法明确了法律依据，为营造清朗网络空间提供了制度准绳。与此同时，中央网信办部署开展的“清朗”“净网”“护苗”等系列专项整治行动成效显著，形成了规律性认识和经验性做法。

坚持正能量的总要求，让党的声音成为网络最强音。一是用马克思主义立场观点方法系统部署新形势下党的新闻舆论工作。二是创新改进网络宣传和舆论引导，开展网络内容建设，把握好网络舆论引导的时、度、效。三是对广大领导干部学网、懂网、用网能力提出时代要求，让互联网技术辅助广大干部敏锐感知社会态势、科学决策，让网络空间成为中国共产党贯彻群众路线的新渠道。

坚持管得住是硬道理，让网络空间更加清朗。一是坚持党的领导，政府管理、企业履责、社会监督、网民自律，“多管齐下”综合治理；运用技术、经济、法律多种手段，形成共建、共治的综合治网体系。二是加强互联网内容建设和内容管控，加大正能量传播，提高人民群众精神文化生活质量。

坚持用得好是真本事，让网上网下形成同心圆。一是全面把握媒体融合发展的趋势，构建“融为一体、合而为一”的全媒体传播矩阵。打造一批基层融媒体中心，在一线生动写好媒体融合发展的大文章，为人民群众提供更为便捷优质的信息服务。二是重视技术创新，通过可视化呈现、互动化传播不断扩大正面宣传的用户规模，增强用户黏性，为媒体融合创新发展提供强劲动力。三是开展“下一代”工程，创作更多青少年喜爱的网络文化作品，研发凝聚广大青少年兴趣和共识的网络平台，教育引导青少年与党同心同行。[①]

延伸阅读

网信技术推动正能量赢得大流量、好声音成为最强音

人民网智慧党建系列产品采用3D成像与智能化视频讲解技术，让网友沉浸式体悟长征精神；新华媒体创意工场运用XR扩展现实拍摄、VR绘画等技术，生动解读政府工作报告；中央广播电视总台使用“时间切片”技术将滑雪大跳台运动员从起飞到落地的过程完整呈现于一帧画面中……

第二节　建立与数字平台特征相适应的政策法规体系

一、 数字平台的特征

2021年3月15日，习近平总书记在主持召开的中央财经委员会第九次会议上强调，我国平台经济发展正处在关键时期，要着眼长远、兼顾当前，补齐短板、强化弱项，营造创新环境，解决突出矛盾和问题，推动平台经济规范健康持续发展。

黄奇帆指出，数字化平台具有全空域、全流程、全场景、全解析和全价值的“五全特征”。数字平台突破了空间和区域障碍，从天上到地面到水

① 《习近平总书记指引清朗网络空间建设纪实》，《中国网信》2022年第2期。

下，从国内到国际广泛连成一体，每天24小时不间断对人类生产生活的每个点进行信息积累，不受行业限制，打通人类生活工作中所有行为场景，对人类所有行为信息，进行智能搜集、分析、判断和预测，整合创建出前所未有的、巨大的价值链。现代信息化的产业链是通过数据存储、数据计算、数据通信同全世界发生各种各样的联系，基于“五全特征”，当它们跟产业链结合时形成了全产业链的信息、全流程的信息、全价值链的信息、全场景的信息，成为具有价值的数据资源。可以说，任何一个传统产业链一旦与这五大信息科技结合，就会立即产生新的经济组织形态，从而对传统产业构成颠覆性的冲击。①

推动平台经济持续健康规范发展，一方面是“管”好。健全完善规则制度，实施有效治理和监管，加强平台各市场主体权益保护等环节多管齐下，形成合力。另一方面是“用”好。以平台经济培育新动能，增强创新发展能力，推动平台经济服务于高质量发展和高品质生活，助力我国在全球竞争中强劲续航，乘风破浪，一往无前。

二、 国内外数字平台治理特点与政策

在人类社会进入高速发展的数字经济时代的同时，各类新经济、新业态、新技术、新应用也引发了大量新型纠纷，尤其在平台经济领域出现了强制“二选一”、自我优待、数据垄断、算法歧视、算法滥用等一系列问题。为此，全球范围内掀起了以制定反垄断规则为代表的数字经济平台治理运动，诞生了譬如美国的新布兰代斯主义、欧盟的守门人义务平台，以及德国的跨市场影响力平台等特定概念。

---

① 黄奇帆：《互联网金融发展中的经验教训、原则、特征、发展路径》，《全球化》2019年第7期。

延伸阅读

新布兰代斯主义[①]

新布兰代斯主义反对将“消费者福利”作为反垄断的唯一指标，而是认为应当转为多目标，并且将经济民主放在更为重要的位置。

新布兰代斯主义认为在遏制垄断的过程中，可以采用多种手段。强调大规模使用行业管制的力量。

新布兰代斯主义主张在反垄断的过程中，应该更多关注市场结构和竞争过程。比如，他们认为为了防止垄断的形成，保证业务之间的分离是十分必要的。

守门人义务平台

2020年，欧盟公布了《数字市场法（草案）》与《数字服务法》草案，代表了21世纪欧盟互联网立法的首次重大改革。其中《数字市场法（草案）》旨在确保受监管平台能够在互联网上以公平的方式从事市场行为。《数字市场法（草案）》也将矛头指向了科技行业的垄断，并提议出台全面有利于竞争的法规，对违规行为给予严厉处罚。《数字市场法（草案）》建立了一套狭义的客观标准，将大型在线平台界定为所谓的“守门人”，这使得《数字市场法（草案）》能够很好地针对大型系统在线平台所要解决的问题。《数字市场法（草案）》明确了将核心平台服务提供商认定为“守门员”的条件：对内部市场有重大影响；运营一个核心平台服务，充当了商业用户接触最终用户的重要门户；在其运营中享有稳固和持久的

---

① 《从布兰代斯法官到“新布兰代斯主义”》，腾讯新闻网，https：//view. inews. qq. com/a/20210730A0F87700。

地位，或者可以预见在不久的将来享有该种地位。一旦被确认为“守门人”，就应通过遵守草案中规定的具体义务，确保对企业和消费者公平、对所有人开放的开放网络环境。①

跨市场影响力平台

2021 年 1 月 19 日，德国《反限制竞争法》第十次修正案正式生效。此次修正案中新增第 19a 条“具有显著跨市场竞争影响力”（特指经营者所拥有的在不同市场上大范围开展业务并取得一定的市场力量的能力）的专门规定，被认为是德国为应对数字经济给反垄断带来的挑战、专门针对网络科技巨头特别制定的条款。修正案明确禁止“具有显著跨市场竞争影响”的经营者无正当理由自我优待、阻碍竞争者、通过数据组合提高市场门槛、妨碍产品或服务的可操作性、限制数据的可携带性，以及不充分披露产品或服务的范围、质量和效果等行为。②

我国数字平台经济领域的法治建设亦在积极推进，例如 2019 年起施行的《中华人民共和国电子商务法》，对涉及电子商务经营主体、经营行为、合同、快递物流、电子支付等电子商务发展中比较典型的问题都作了明确规定，为我国电子商务的发展奠定了基本的法律框架；在 2019 年起施行的《禁止滥用市场支配地位行为暂行规定》、2020 年公布的《〈反垄断法〉修订草案（公开征求意见稿）》和《网络交易监督管理办法（征求意见稿）》中，增设了对数字平台市场支配地位认定依据的条款，进一步对平台、数据、算法元素等制定了具体规定，对网络交易的各方主体、经营行为明确

① 李世刚、包丁裕睿：《大型数字平台规制的新方向：特别化、前置化、动态化——欧盟〈数字市场法（草案）〉解析》，《法学杂志》2021 年第 9 期。

② 袁嘉：《德国数字经济反垄断监管的实践与启示》，《国际经济评论》2021 年第 6 期。

提出了更为细致、规范的要求；[1] 2021年，《国务院反垄断委员会关于平台经济领域的反垄断指南》印发，有效增强了反垄断执法机关规范大型数字平台垄断行为的可操作性。

三、 数字平台治理面临的困境

我国一大批数字平台快速崛起，数字平台在大幅提高经济运行效率、增进社会福利的同时，也面临数字平台治理局势复杂、制度规则滞后、监督管理被动等方面的问题。

问题挑战多维。一是我国经济进入高质量发展阶段，数字平台已经成为新生产力。如果没有安全可靠的数字平台，就没有平稳健康的平台经济，也就谈不上经济社会的高质量发展，因此数字平台治理面临安全与发展统筹挑战。二是为实现百年未有之大变局下区域经济良性发展，需要在国际上进一步拓展我国数字平台，全面赋能传统产业结构转型，因而数字平台面临兼顾国内与国际的挑战。三是数字平台经济除了数据安全、市场垄断等共性问题，还存在无序扩张、恶意竞争等新问题，数字平台治理面临复杂局势的挑战。四是数字平台经济中无论是行业秩序监管，还是反不正当竞争、保护用户权益，较传统监管均面临更艰难的统筹协调挑战。

规则制度滞后。一是数字平台具有动态多元、快速迭代的特征，数字平台管理突破了传统管理边界，导致政府的规则制度天然面临滞后或缺失的挑战。二是治理目标多元导致了制度建设的难度加剧，如数据竞争的规制建构中，如何平衡数据的使用与保护之间的关系，如何协调数据平台垄断与有效竞争的关系，都是各国在数字平台治理过程中面临的极具挑战性

---

① 杨东、臧俊恒：《数字平台的反垄断规制》，《武汉大学学报》（哲学社会科学版）2021年第2期。

的议题。三是数字平台规则制度建立也有国际化趋势，如各国对数字平台立法、执法、加强监管已达成共识，但数字平台管理问题错综复杂，对于如何监管，各国各地区还在摸索，距离达成共识更是相去甚远。

监管力量不足。数字平台作为数据流量入口，汇聚了海量、实时、多模态的数据，并通过技术将数据要素最大限度地整合、转化和利用，从而重构了市场竞争的外在形式和内在逻辑。相较而言，政府监管部门在人员力量、技术能力等配备方面存在明显不匹配，从而导致对数字平台的监督管理始终处在被动应对状态。

四、 数字平台治理举措与政策法规体系建设

随着经济社会的数字化、智能化转型，数字平台已经成为支撑国民经济发展的新型基础设施，其特点在于突破时空限制，链接多元主体，提供信息检索、竞价排名、资源调配、社交娱乐、金融借贷等综合性服务，融合了企业和市场功能，兼具一定的政府、行业协会、公益组织等的公共属性。[①] 因此，构建与数字平台特征相适应的政策法规体系，建立健全数字平台治理体系势在必行。

2022 年，国家发展和改革委员会等九部委联合印发《关于推动平台经济规范健康持续发展的若干意见》，提出加强规范管理、优化发展环境、增强创新发展能力，为平台经济健康、可持续发展提供保障，赋能经济转型发展。[②] 在数字平台发展面临突出矛盾和问题的关键时期，为我国平台经济发展指明了路径和方向。

兼顾多元目标实现。发展与安全、国内与国际、创新与竞争、保护与

① 杨东：《数字经济平台在抗疫中发挥重大作用》，《红旗文稿》2020 年第 7 期。

② 姜奇平：《〈关于推动平台经济规范健康持续发展的若干意见〉解读》，《中国经贸导刊》2022 年第 2 期。

利用等之间的关系，是数字平台企业发展中必须高度重视的问题。具体对策包括：一是鼓励平台企业加大投入，注重核心技术创新，加快云计算、人工智能等技术的研发突破，力争突破“卡脖子”技术。二是推动平台经济与实体经济深度融合，调动平台企业在其他行业数字化转型中的活力，通过数字平台打通制造与服务、产品与市场的壁垒，使数字平台和经济发展相得益彰。三是支持数字平台企业开拓国际市场，倒逼平台企业增强技术创新能力，实现企业竞争力全面升级，角逐国际领先地位。四是重点整治数据泄露、行业垄断、资本无序扩张等过度逐利、缺乏可持续发展的严重问题，推动数字平台企业承担社会发展责任，营造健康有序的商业生态。

健全制度规则体系。尽管我国关于平台经济领域的法治建设在积极推进，近几年出台了多部法规、意见、指南，但完备系统的治理体系仍待健全。一是要立足我国目前数字平台经济领域的实际情况，充分借鉴各国经验，形成治理常态化、多元化，事前监管和事后监管相结合，规范与发展并重的治理趋势。二是根据平台经济涉及领域众多、不同行业表现不同、治理规则不同的特点，既注重平台共性要素规则的建构，也聚焦分类治理体系的搭建。三是完善已出台法律的修订，加快出台配套规定。构建由法学、人工智能、数学等多领域人才组成的复合型监管人才信息储备库，提升监管人才队伍的专业化和现代化。四是持续进行专门监管规则研究，平台经济取得了很大发展的同时，也存在大量不合规的问题，要推动平台经济健康长远发展，需要变被动为主动，从制度约束转变到依制度发展，为此，国家应持续研究平台经济发展规律，坚持“在发展中规范，在规范中发展”。

统筹协同监管格局。线上线下经济加速融合，探索整体协调、动态灵活、多主体协同治理的监管格局势在必行。一是加强政策统筹，强化顶层设计，加强政策协同，优化监督方式，统筹应对复杂多变局面。二是建立健全多部门协同、多区域联动执法的协作监管机制和事前事中事后全链条监管。三是加强手段创新，创新数字监管方法，建立线上监管机制，强化技术创新，加强平台检测、分析、预警能力，支持条件成熟的地区先行先试。四是完善社会监督，探索公众和第三方专业机构共同参与的监督机制，建立“吹哨人”、举报人保护制度，建立数字平台规则公示和报告制度，鼓励行业协会牵头制定行业自律公约，并开展平台合规评估。①

第三节　推动科技向善理念深入人心

一、 为什么要科技向善

科技向善是在满足自身生存和发展需要的前提下，主动开发和利用负责任的创新成果解决社会问题，在谋求人类社会福祉与可持续发展的过程中实现商业价值创造与社会价值创造。② 技术，具有不带主观色彩的特性。一把菜刀，用在厨房，是造福人类，用作凶器，就是危害安全；摄像机可以检测周围环境，为打击犯罪提供证据，也可以用来偷拍别人隐私，用以犯罪；内燃机可以驱动火车、汽车，改善人们的交通状况，也可以驱动坦克，成为战争工具；声呐可以探测礁石，保障航行安全，也可以用来非法捕鲸；原子弹可以用来阻吓战争，也可能成为战争的一部分；互联网便利了我们的生活，暗网上却充满了罪恶。人类通过前三次技术革命，生产力

---

① 余晓晖：《建立健全平台经济治理体系：经验与对策》，人民论坛网，http：//www. rmlt. com. cn/2021/1209/634205. shtml。

② 李欣融、毛义君、雷家骕：《企业科技向善：研究述评与展望》，《中国科技论坛》2021 年第 7 期。

得到提升，生产关系得到改善，使得技术有了向善性的色彩。

党的十八大以来，习近平总书记高度重视科技创新，强调要通过科技创新共同应对挑战，探索解决重要全球性问题的途径和方法。

延伸阅读

科技创新第一动力

科学技术从来没有像今天这样深刻影响着国家前途命运，从来没有像今天这样深刻影响着人民幸福安康。我国经济社会发展比过去任何时候都更加需要科学技术解决方案，更加需要增强创新这个第一动力。

——2020 年 11 月 12 日，习近平在浦东开发开放 30 周年庆祝大会上的讲话

塑造科技向善理念

中国高度重视科技创新，致力于推动全球科技创新协作，将以更加开放的态度加强国际科技交流，积极参与全球创新网络，共同推进基础研究，推动科技成果转化，培育经济发展新动能，加强知识产权保护，营造一流创新生态，塑造科技向善理念，完善全球科技治理，更好增进人类福祉。

——2021 年 9 月 24 日，习近平向 2021 中关村论坛视频致贺

二、 我国科技向善实践与探索

赫拉利在《人类简史：从动物到上帝》一书中预测：科学技术的发展可能会使人类的历史终结。呼吁企业在进行科技创新的同时，要深刻地认识到科技向善的重要性。谷歌早在 1999 年就提出了“不作恶”（do not be evil）的经营理念，此理念影响了几代互联网企业。微软、谷歌、IBM、Twitter 等众多国外主流科技公司在科学伦理方面也设置各种安全可靠、隐私保障的措施来践行科技向善理念。

我国的科技企业也越发认识到科技向善的重要性。2018 年，腾讯学院研讨会上，腾讯学院荣誉院长张志东提出了“科技向善”；2019 年 1 月，腾讯举办第二届科技向善研讨会，此后腾讯公司董事会主席兼首席执行官马化腾在 2019 年的全国两会、第二届数字中国建设峰会等多个场合呼吁“科技向善”。中国政府也及时担当起了引导角色，在关于科技向善的立法方面开展了一系列工作，推动将重要的伦理规范上升为法律法规。2022 年 2 月 15 日起施行的《网络安全审查办法》由国家互联网信息办公室、国家发展和改革委员会、工业和信息化部等十三个部门联合修订发布，保障了网络安全和数据安全；2022 年 3 月 1 日起实施的《互联网信息服务算法推荐管理规定》是我国第一个正式出台的规制算法推荐运用的部门规章，为推荐算法发展树立了法治路标；2022 年 3 月，中共中央办公厅、国务院办公厅印发了《关于加强科技伦理治理的意见》，明确开展科学研究、技术开发等科技活动要遵循“增进人类福祉、尊重生命权利、坚持公平公正、合理控制风险、保持公开透明”的五项原则，表明了我国加强科技伦理治理的态度。

三、 科技向善面临的挑战

互联网、人工智能、区块链等科学技术蓬勃发展，深刻影响着人类生活的方方面面，潜移默化地改变了人类的生产、生存乃至认知方式，推动了社会的进步和发展，但同时也带来了新的风险，[①] 比如隐私泄露、信息茧

① 《引导科技向善 规范创新行为》，《金融科技时代》2022 年第 4 期。

房、数字鸿沟、决策让渡、数据滥用、算法偏见、就业挤压等。如果不给技术进化套上“缰绳”，科技创新将会无序衍生、恶性进化，迟早会反噬人类。如人工智能无人驾驶、辅助生殖等技术迅猛发展的同时，在全球范围内也引发了一系列争议和伦理挑战。

现代化治理挑战。① 科技创新为全球经济发展注入了新动力，其影响逐渐渗透到社会的各个领域，在给国家经济结构、基层社会治理、普通民众生活带来深刻影响的同时，也裹挟着一定的风险。科技创新日新月异、知识结构繁复、应用场景复杂，必然带来技术伦理问题；不同科技领域交叉汇聚，新兴技术不断带来伦理挑战，彼此之间又相互作用，进一步加剧了新兴技术使用中的不确定性，从而衍生出更复杂、更综合的伦理问题。由于人们对此还难以精准预测和把握，因而在科技创新的同时，科技向善面临着现代化治理挑战。

规范化治理挑战。新兴技术创新、研发不能仅仅“技术先行”，而要充分考虑可能引发的伦理风险，技术管理不能仅着眼利益，还应注重是否实现基本伦理价值，比如，人工智能一旦被不当利用，就可能对人类构成重大威胁，合成的基因组也可被恶意利用制造出流行病毒。② 一段时间以来，我国已经制定颁布了生物安全法、个人信息保护法等法律法规来构建我国科技伦理相关法律体系，但仍须在相关法律法规、审查机制和监管框架等方面进一步完善。

全球化治理挑战。长期以来，我国高度重视科技创新，先后实施了科教兴国、人才强国、创新驱动等战略，推动我国科技实现高水平自立自强，很多前沿科技进入“无人区”。新生物技术等创新技术的发展带来了编辑改造

---

① 周琪：《我国科技伦理治理体系建设任重道远》，《中国人才》2022 年第 5 期。

② 邱仁宗：《应对新兴科技带来的伦理挑战》，人民网，http：//it. people. com. cn/n1/2019/0527/c1009 - 31103621. html。

生物等潜在的伦理问题，而我国科技伦理治理起步较晚，相关制度的不足或缺失严重影响了针对科技伦理事件的应对和处理。科技伦理也是全球共同面临的问题，需要加强国际交流与对话合作。与世界科技发达国家一样，我国同样面临本国科技伦理治理体系建立、推动科技伦理国际规则制定的新挑战。

四、 科技向善体制机制建设方法与举措

科技向善的推进需要政府、科技企业、科研院所、高等院校、公众、媒体等多元主体紧密合作、齐抓共管，通过完整的制度、文化和规则的建设，确保科技向善理念在实际工作中的贯彻落实。

政府承担引导责任，完善规则制度。探索建立健全与创新技术应用发展相适应的科技伦理准则建设，规范创新技术应用。严格科技伦理审查，建立突发公共事件的科技伦理应急审查机制。同步推动相关立法并做到执法必严、违法必究。开展新技术对国际合作和治理的影响的软课题研究。在国际合作中，加强新技术领域国际治理对话，参与国际标准规则制定，推动构建全球创新技术研发与应用的共同伦理框架，确保科技创新真正造福于人类社会的发展。[①]

企业要挺膺负责，加强自治。企业应树立正确的企业价值观，不可一味追求经济效益，应在谋求人类社会福祉与可持续发展的过程中实现自身商业价值与社会价值；应加强内部治理和合规管理，培训员工具备科技向善的素养，认识到产品可能造成的社会影响，在进行科技创新、产品设计时自觉遵循伦理要求。内化向上向善力量，保持“自律”，追求科技服务于人类福祉。[②]

---

① 马化腾、赵钧：《腾讯公司董事会主席兼首席执行官马化腾：加强科技伦理 践行科技向善》，《可持续发展经济导刊》2019 年第 3 期。

② 李欣融、毛义君、雷家骕：《企业科技向善：研究述评与展望》，《中国科技论坛》2021 年第 7 期。

科研院所、高等院校、行业协会等第三方机构要担当作为，加强理论研究。作为推动科技向善的重要力量，科研院所、高等院校要建立完善的科技伦理教育机制，加快普及科技伦理教育，对新技术应用及其影响，开展系统深入的理论研究，确保新技术的正面效应。行业协会衔接行业和政策两端，向政府传达企业需求，组织行业精英探讨行业问题，并提出建议，协助政府制定行业技术标准和要求，供企业和政府参考，呼吁全行业科技向善。

公众明德惟馨，择善而从。对技术的进步，我们要兴利除弊。如今，人民的公共安全意识、危机辨别意识已得到极大提高。奋发向上，追求进步，是中华民族宝贵的精神财富，崇德向善、兴利除弊使新技术更好增进民生福祉。对新技术带来的一切变化保持觉察，如对于当下的反网络沉迷、反数据欺诈等问题，社会公众给予了极高的关注度，人性向善和科技向善殊途同归。

第四节　严防平台垄断和资本无序扩张

一、 平台垄断与资本无序扩张

相较于实体产业经济，数字平台经济对市场经济特别是市场竞争的影响范围更加宽广、迅速，带来的挑战更加严峻。大型数字平台的产生导致市场竞争减弱，缺乏竞争有效性，深究其原因主要是由于大型数字平台掌握了数以亿计的用户人群数据，这使得新兴的和潜在的市场进入者根本无法与之匹敌竞争，不能获得足够的用户或只被特定的小范围人群使用，大大降低了其竞争的意愿，故此无法发挥市场经济的竞争效能。

针对大型数字平台的垄断风险，国内外不断加大数字平台反垄断规制的制定力度，然而传统的价格中心型反垄断框架已无法有效制约大型数字平台的垄断行为。为了将数字平台这一新兴产业纳入反垄断法的制约范围，除了将常规的价格因素作为竞争损害的判定标准之外，还需考量更多的非常规垄断因素，重新构建反垄断法的判定框架，专门构建规制数字平台和数字市场的一套竞争损害行为体系。与此同时，资本的内在逐利性使其在扩张和运作方面更容易变得无序。所以，支持和引导资本规范健康发展，依法加强对资本的监管，避免其无序扩张尤为重要。

改革开放40余年来，党中央、国务院始终高度重视资本市场发展，防范平台垄断和资本无序扩张，从经济社会发展全局和改革开放大局出发，为推动资本市场改革发展稳定谋篇布局、指明方向、作出部署。

延伸阅读

坚决打击平台垄断和资本无序扩张

要完善资本行为制度规则。要加强反垄断和反不正当竞争监管执法，依法打击滥用市场支配地位等垄断和不正当竞争行为。要培育文明健康、向上向善的诚信文化，教育引导资本主体践行社会主义核心价值观，讲信用信义、重社会责任，走人间正道。要加强资本领域反腐败，保持反腐败高压态势，坚决打击以权力为依托的资本逐利行为，着力查处资本无序扩张、平台垄断等背后的腐败行为。

——2022年4月29日，习近平在主持中共中央政治局第三十八次集体学习时强调

加快重点领域立法

这些年来，资本无序扩张问题比较突出，一些平台经济、数字经济野蛮生长、缺乏监管，带来了很多问题。要加快推进反垄断法、反不正当竞争法等修订工作，加快完善相关法律制度。

——2022 年 2 月 16 日，习近平总书记在《求是》第 4 期发表重要文章《坚持走中国特色社会主义法治道路 更好推进中国特色社会主义法治体系建设》

二、 国内外防止平台垄断和资本无序扩张的经验

长久以来，发达国家非常重视反垄断立法工作。美国在 1980 年通过的《谢尔曼法》，是全世界第一部反垄断法，被称作反垄断法之母。之后，德国、日本等发达国家也陆续颁布了反垄断法规。1969 年，互联网在美国诞生并迅猛发展，而后发生了 1998 年美国司法部诉微软案、2011 年欧洲诉谷歌案、2011 年西班牙公司 Nuevas 诉 Apple 案等互联网领域的多个经典案例。2017 年至今，谷歌、Apple、Facebook、Amazon 等互联网公司在全球数十个国家和地区至少遭遇了 111 起反垄断调查及纠纷。美国和欧盟国家的互联网反垄断法规也在数次互联网反垄断案件中逐步发展和完善。

由于世界贸易组织（WTO）非常重视贸易与竞争的关系，为了及早加入 WTO，我国在 1993 年出台了《中华人民共和国反不正当竞争法》（以下简称《反不正当竞争法》）。加入 WTO 之后，我国为了全面履行入世承诺，不断扩大开放，2007 年，进一步出台了《中华人民共和国反垄断法》（以下简称《反垄断法》），健全了市场竞争的调节机制，为我国经济发展提供

了良好的法律环境；2018 年以后，我国反垄断立法和执法进入了一个全新的阶段，国务院成立“反垄断委员会”，密集出台相关指南和规定。

党的十九届五中全会以来，党中央、国务院高度重视数字经济领域的反垄断执法，成立了互联网反垄断专项行动小组，开展了多项反垄断执法活动，取得了良好的整治效果。2021 年 8 月，十三届全国人大常委会第三十次会议表决通过《个人信息保护法》，对大型平台的信息数据处理提出了专门要求，对其信息披露、外部审计、平台内主体监管作了规定，加强其责任，降低其垄断风险，从治理平台的配套规则方面加强了治理的规范性、严谨性、周密性。2021 年 10 月 23 日全国人大发布的《中华人民共和国反垄断法（修正草案）》［以下简称《反垄断法》（修正草案）］将具有市场支配地位的经营者利用数据和算法、技术以及平台规则等设置障碍，对其他经营者进行不合理限制规定为构成滥用市场支配地位的情形之一，充分回应了数字经济下反垄断监管的法治需求。2021 年 10 月 29 日，国家市场监督管理总局又颁布了《互联网平台分类分级指南（征求意见稿）》和《互联网平台落实主体责任指南（征求意见稿）》，全方位、多维度、分层次地对不同类型平台的经营行为和主体责任予以规范。2022 年 1 月 19 日，国家发展和改革委员会等九部门联合发布《关于推动平台经济规范健康持续发展的若干意见》，提出坚持发展和规范并重，明确要求超大互联网平台承担公平竞争示范、平等治理、开放生态等责任，逐步推动中国互联网平台企业回归“本质责任”，促进平台经济规范健康持续发展（如图 3－1 所示）。

以上法律法规的密集出台，可以看出中国打击平台垄断和资本无序扩张已经从政策定位、定向转入国家政策、法律制定及其落实落地阶段，强化数字经济、平台经济领域反垄断已成为当前中国市场竞争监管的重中之重。

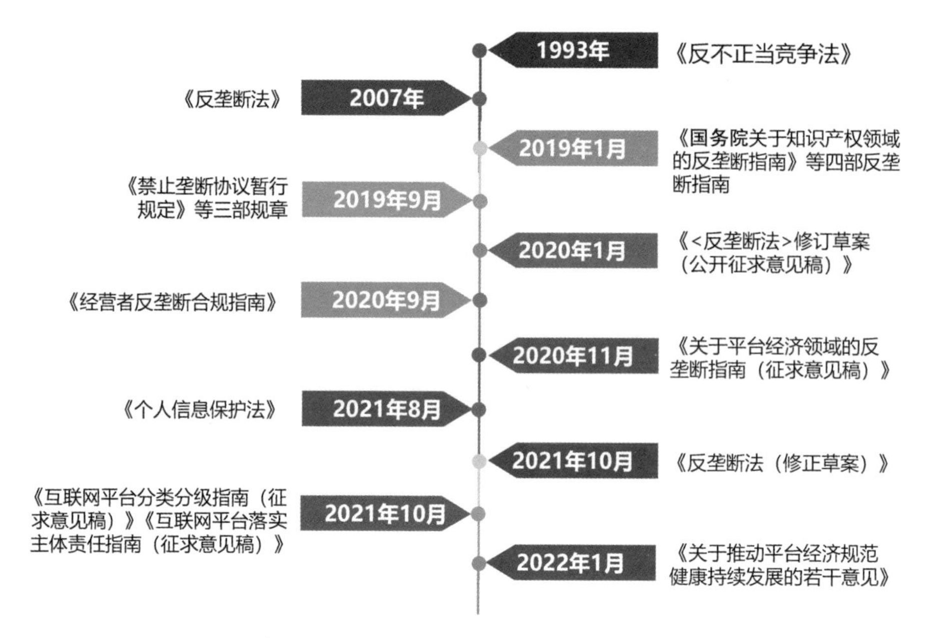

图 3－1　我国打击垄断和防止资本无序扩张出台的法律法规

延伸阅读

2010 年发生的广为人知的“3Q”大案是我国互联网反垄断第一案，历时 3 年之久，最终在最高人民法院的审理下结案。2021 年，在我国各项政策法规举措的高压之下，我国反垄断执法机构查处了多起互联网平台滥用市场支配行为的案件，涉及的领域包括电商、餐饮外卖等，并创下了多个天价罚单，见表 3－3。

表 3－3　2021 年互联网反垄断案件

时间	公司	原因	结果
2021 年 3 月 12 日	腾讯、百度、美团、苏宁、阿里巴巴、京东、字节跳动、滴滴	未依法申报，违法实施经营者集中	分别处以罚款 50 万元
2021 年 4 月 10 日	阿里巴巴	实施“二选一”垄断行为	被罚款 182. 28 亿元

续 表

时间	公司	原因	结果
2021 年 4 月 30 日	腾讯、滴滴、苏宁	未依法申报，违法实施经营者集中	分别处以罚款 50 万元
2021 年 7 月 5 日	运满满、货车帮、BOSS 直聘	实施网络安全审查	审查期间，停止新用户注册
2021 年 7 月 7 日	阿里巴巴、腾讯、苏宁、美团	未依法申报，违法实施经营者集中	分别处以罚款 50 万元
2021 年 7 月 10 日	虎牙、斗鱼	进行反垄断审查	禁止虎牙公司与斗鱼国际控股有限公司合并
2021 年 9 月 27 日	公牛集团	违反《反垄断法》第十四条	被罚款 2.9 亿元
2021 年 10 月 8 日	美团	实施“二选一”垄断行为	被罚款 34.42 亿元

数据来源：《2021，互联网反垄断往事》，https：//business.sohu.com/a/501711403_100204343。

三、 防止平台垄断和资本无序扩张面临的问题

互联网数字经济和平台经济乘着新一轮科技革命和产业变革的东风，借助我国超大规模市场的竞争优势，在短时间内得到了高速发展。数字平台企业是网络经济背景下新兴的市场主体，也是一种新型的商业模式，凭借其资本、掌握的大量用户数据和技术优势，快速布局至大众生活的各个领域，如金融、购物、出行、娱乐、学习等方方面面，显示了远超实体经济的竞争优势和产业布局效率。

平台经济存在垄断必然性且易引发激进竞争。[①] 网络效应致使平台经济存在垄断的必然性。数字平台两端连接的是需求端和供应端，双边市场经

① 郧彦辉、张希：《平台经济领域反垄断面临的五大难题》，《数字经济》2021 年第 3 期。

济存在着网络效应，一端数量的增加会引起另一端的增加，并且会不断循环往复，一旦规模形成即产生规模效应，数字平台形成垄断就成了必然。平台经济一旦形成规模，就会对后进入者形成较高的进入壁垒，造成赢者通吃的局面。平台的核心资产是数据，在交易中，平台通过自身构建的商业生态获取用户资料、交易历史、消费习惯等隐私信息，并通过大数据分析生成用户画像，锁定用户并进行精准推送。由此，数据便产生了重要的经济价值。

平台经济的反垄断认定难度大。平台型企业涉及国家经济发展，社会管理和人民日常工作、生活、学习、娱乐等方方面面，剧增的数据量和没有边界的网络、数据是否造成了进入壁垒，数据是否占有市场支配地位并被滥用，是否涉及了大数据的垄断协议，是否有大数据资产的合并等都使反垄断认定实际操作起来非常复杂，且专业性要求很高，因此反垄断案件的调查难度也很大。

算法合谋造成的垄断行为极具隐蔽性。随着数字经济的蓬勃发展，算法被越来越多地运用在生产经营活动中。在平台经济中，算法能提高市场透明度，降低生产成本，改善产品服务质量，推动新产品开发，同时，也带来了破坏市场经济秩序的消极影响。平台企业无须通过书面协议、口头约定即可达成一致。随着科技的发展，垄断的智能化程度将越来越高，也越来越难以识别，比如，由算法合谋产生限制竞争的效果，各运用主体的地位以及规则路径的确定无论在识别、技术认定，还是在证据收集、处罚上都面临挑战。

经营者申报制度仍需完善。我国现行的《反垄断法》及其配套规定采取的是单一的经营额标准，但数字驱动的并购主要是维持数据优势，并不一定达到市场份额的集中，因此现有标准不能涵盖具有隐患的平台经济。

数字背景下，企业不断进行各种收购和合并，以实现自身发展和规模扩张，经营者集中数量不断攀升，但很多并未依法申报。除了现行标准未能很好涵盖平台经济，还有一个可能原因就是违法成本过低，现有处罚不足以对违法者和其他人产生震慑效果，如何处罚、处罚力度如何亟待解决。

四、 防止平台垄断和资本无序扩张的方法与举措

出于对所谓“超国家权力”的担忧，各国都在尝试对大型互联网平台加强监管，例如强调责任义务、保障数据安全、重视完善立法、提升执法力度等。我国也已经意识到转变传统治理范式、加强平台经济监管的重要性。

平衡发展与规范的关系。一方面在平台经济发展过程中要构建平台经济法治体系，为查处垄断、资本无序扩张提供法律依据；另一方面也要在规范中聚焦发展，鼓励创新，增强核心竞争力。在发展中不断规范，在规范中持续发展。

健全法规和有力执法并进。一是健全平台经济领域竞争法律规则。完善平台经济领域垄断、不正当竞争等违法行为的认定规则，及时弥补法律规则空白和漏洞；梳理现有涉及平台经济领域公平竞争的法律法规，为监管部门依法监管提供针对性强、可操作的法律依据。二是加强竞争执法。发挥市场监管综合执法优势，从平台经济、科技创新、信息安全等方面加快建立全方位、多层次的监管体系；充分运用云计算、大数据、人工智能、区块链等手段，对平台经济领域反竞争行为加强预警；加强竞争执法职能机构及人才队伍建设，保证竞争执法的专业、权威、独立。[①] 三是推进平台

---

① 《加强反垄断反不正当竞争监管力度 完善物资储备体制机制深入打好污染防治攻坚战》，《人民日报》2021 年 8 月 31 日。

经济领域软法治理。关口前移，变事后监管为事前预防，防范对平台相关群体的利益损害，降低执法成本；做好有关竞争的法律法规政策的宣传培训，探索建立激励机制，营造公平竞争的市场氛围。

竞争执法与行业监管并重。一是要充分发挥各个政府部门的职能作用，既要防止脱管漏管，又要避免多头管理和过度执法，以竞争执法强化行业监管威慑力，努力形成监管执法的合力。二是要在经济政策制定中，夯实公平竞争的基础地位，加强刚性审查，协调竞争政策和产业政策联动实施。三是要加强政策的公开度和对政策执行效果的预期分析，对于因国家经济形势变化和经济政策调整而受冲击较大的产业领域，要掌握调整力度，给予必要的时限，避免对经济市场造成较大影响，影响社会稳定。

第四章

筑牢数字安全新屏障

在2014年2月27日召开的中央网络安全和信息化领导小组第一次会议上，习近平总书记指出，没有网络安全就没有国家安全，没有信息化就没有现代化。网络安全问题已经上升为“事关国家安全和国家发展、事关广大人民群众工作生活的重大战略问题”。党的十八大以来，在习近平总书记关于网络强国的重要思想指引下，我国网络安全工作迎来快速发展，《网络安全法》、《中华人民共和国数据安全法》（以下简称《数据安全法》）、《个人信息保护法》相继出台，《App违法违规收集使用个人信息行为认定方法》《网络信息内容生态治理规定》等也相继发布实施，我国网络安全立法体系逐渐完善。

“十四五”规划纲要提出：“健全国家网络安全法律法规和制度标准，加强重要领域数据资源、重要网络和信息系统安全保障。建立健全关键信息基础设施保护体系，提升安全防护和维护政治安全能力。”网络安全防护成为国家法制建设和国家安全的重要环节。

第一节　提升网络安全防护能力

一、网络安全的发展历程

习近平总书记在中央网络安全和信息化领导小组第一次会议上强调，当今世界，信息技术革命日新月异，对国际政治、经济、文化、社会、军事等领域发展产生了深刻影响。中国科学院院士管晓宏教授指出，“两化一融合”（网络化、智能化和信息物理融合）是新世纪信息科学与技术发展的趋势，也是引领科技、产业发展的前沿，正在深刻影响人们的生活和生产方式。与此同时，各类网络安全问题也随之出现在人们的工作和生活中，对国家安全、经济运行、社会秩序、公众利益造成严重威胁。

1988年的Morris蠕虫病毒事件，被认为是最早的网络攻击事件之一。康奈尔大学研究生罗伯特·莫里斯开发了一个具有网络扫描和自我复制功能的程序，使该病毒在网络中快速传播，造成超过6000台主机被感染。Morris蠕虫病毒事件是依据美国《计算机欺诈及滥用法案》而定罪的第一宗案件。

20世纪90年代，互联网刚开始普及，网络安全主要是针对计算机安全的资产安全，即计算机的系统与信息资源不受恶意或自然因素破坏与威胁。

2010年，伊朗核设施控制系统遭到“震网”（Stuxnet）病毒攻击，导致大量离心机出现故障甚至损毁，伊朗核计划被迫推迟。从公开报道看，“震网”病毒是人类历史上第一个专门定向攻击真实世界中基础设施的病毒，展示了网络武器具备决定现代战争胜负的能力。

2017年的WannaCry勒索病毒在全球大范围暴发，该病毒一旦运行会对被感染机器的磁盘文件进行加密，只有通过支付一定数额的数字货币才能解除加密，以此敲诈用户钱财。当前网络攻击利用网络钓鱼、勒索软件和供应链矢量攻击来获取经济利益，已经开始威胁到每一个人的财产安全。

自2014年克里米亚事件后，美俄关系急剧恶化，美俄两国间的博弈也从传统的政治、经济、军事领域拓展到网络安全领域。2021年5月7日，美国最大的成品油管道运营公司Colonial Pipeline表示，勒索软件攻击迫使该公司主动关闭运营并冻结IT系统，导致美国东部大量输油管道网络瘫痪，并进一步引发恐慌性购买，位于东欧的黑客组织DarkSide是本次攻击的发起者。

随着互联网的广泛使用，网络安全关注的对象从计算机硬件，扩展到软件、数据和服务等。著名信息技术公司IBM将网络安全定义为“保护关键系统和敏感信息免遭数字攻击的做法”。《网络安全法》第七十六条将其定义为：“通过采取必要措施，防范对网络的攻击、侵入、干扰、破坏和非法使用以及意外事故，使网络处于稳定可靠运行的状态，以及保障网络数据的完整性、保密性、可用性的能力。”①

2016 年 4 月 19 日，习近平总书记在网络安全和信息化工作座谈会上指出：“从社会发展史看，人类经历了农业革命、工业革命，正在经历信息革命。”网络安全和信息化是相辅相成的。安全是发展的前提，发展是安全的保障，安全和发展要同步推进。网络安全为人民，网络安全靠人民，维护网络安全是全社会共同责任，需要政府、企业、社会组织、广大网民共同参与，共筑网络安全防线。在体制机制建设方面，加强互联网内容建设，建立网络综合治理体系，营造清朗的网络空间；在网络安全技术方面，“掌握我国互联网发展主动权，保障互联网安全、国家安全，就必须突破核心技术这个难题，争取在某些领域、某些方面实现‘弯道超车’”②。

二、 网络安全的特点与政策

党的十八大以来，在习近平总书记关于网络强国的重要思想指引下，我国网络安全相关法律法规陆续发布实施，网络安全法律体系逐渐完善。

（一）《网络安全法》

《网络安全法》于 2017 年 6 月 1 日正式生效，是我国网络空间的“基本大法”，为我国网络空间治理作出了跨时代的贡献。内容涉及关键技术设施、网络数据和用户个人信息等多个主体的安全防护，核心内容包括确立

---

① 《中华人民共和国网络安全法》，中华人民共和国民政部网，https：//www. mca. gov. cn/article/zt_gjaqr2021/flfg/202104/20210400033145. shtml。

② 《习近平总书记在网络安全和信息化工作座谈会上的讲话》，中华人民共和国国家互联网信息办公室网，http：//www. cac. gov. cn/2016 -04/25/c_1118731366. htm。

了空间主权原则、对关键基础设施实行重点保护和加强个人信息保护等。《网络安全法》立足于国家网络安全战略和网络强国战略，对网络空间治理实践作出底线规定，它是我国首部管辖网络空间的基本法律，为维护国家网络主权提供了重要的法律准则和制度保障。

（二）《关键信息基础设施安全保护条例》

2021 年 9 月 1 日，另一项与网络安全紧密关联的法律为《关键信息基础设施安全保护条例》（以下简称《关基保护条例》）开始实施，详细阐明了关键信息基础设施的范围、运营者应履行的职责以及对产品和服务的要求。其最突出的特点就是建立了以国家网络信息安全部门、国务院公安部门、关键信息基础设施运营者为主体的三层架构的关键信息基础设施安全综合保护责任体系，如图 4 - 1 所示。三者之间统筹协调、有序交互，形成了执行有效的关键基础设施的保护架构。

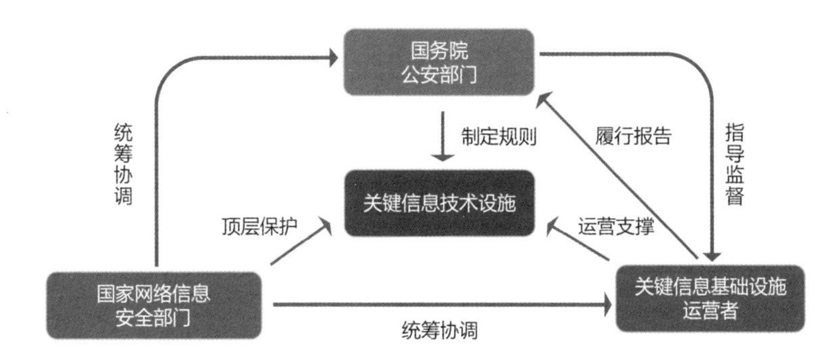

图 4 - 1　《关键信息基础设施安全保护条例》的三层架构关系

《关基保护条例》是《网络安全法》的重要配套立法，对维护国家网络安全、保障关键信息基础设施的正常运行具有重要的意义。

（三）《网络安全审查办法》

2022 年 2 月 15 日起施行的《网络安全审查办法》更深入地从供应链

安全角度作出一系列要求，对关键信息基础设施进行加固和保护。以维护数据安全为中心，为网络安全防护进一步做“加法”。《网络安全审查办法》将掌握百万用户数据的组织列为数据审查对象，也增加了审查评估国家数据安全的风险因素，如数据窃取、舆论控制等。《网络安全审查办法》立足当前治理实践，回应人们关切的网络安全问题，是我国网络安全相关法律逐步完善的重要一步。《网络安全法》《关基保护条例》《网络安全审查办法》这一系列法律法规为我国完善关键信息基础设施保护法律体系、提升网络安全与关键基础设施保护水平奠定了良好的基础，如图4－2所示。

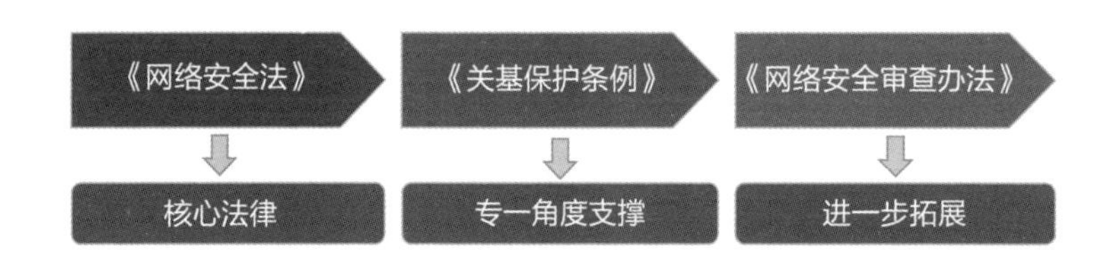

图4－2　三个法律法规在内容上补充延伸

三、网络安全面临的严重威胁与挑战

随着互联网等信息技术与实体经济的融合，网络安全面临的威胁和挑战从网络设备安全拓展至政治安全、基础设施安全、文化安全等领域。

网络攻击、舆论控制威胁政治安全。一方面，机密文件数据、用户信息面临被窃取和滥用的风险，网络攻击影响政府的正常运行；另一方面，网络舆论控制、利用网络干涉内政的事件也时有发生。①

关键基础设施攻击成为网络攻击威胁经济的重要把手。关键基础设施

① 《国家网络空间安全战略发布》，中华人民共和国国家互联网信息办公室网，http：//www. cac. gov. cn/2016－12/27/c_1120195878. htm。

如通信、能源、交通等，一旦遭到破坏或发生重大安全事件，会造成灾难性后果，严重影响国家安全、国计民生和公共利益。

有害信息侵蚀文化安全。网络空间中各种言论与思想相互激荡，有害信息、负面内容充斥其中，背离社会主义核心价值观，严重影响了人民群众的幸福感、获得感。

网络违法犯罪影响社会和谐稳定。借助网络的虚拟环境，各类恐怖主义、分裂主义等势力组织实施违法活动，威胁社会安定与公众利益。

军备竞赛蔓延至网络空间领域。国际形势暗流涌动、各国关系紧张加剧，国家安全问题越发严峻，网络战争攻击作为新出现的攻击模式，影响着国际关系发展进程，网络空间也已经成为时下大国博弈的重要战场。

四、 网络安全防护举措

面对日益严峻的网络安全威胁，我国以习近平总书记的网络安全观为指引，从法律体系建设、安全技术标准建设和防护技术创新等方面多措并举，构建网络安全防护体系。

习近平总书记的网络安全观为网络安全指明路径。习近平总书记高度重视网络安全方面的工作，指出，网络安全和信息化是事关国家安全和国家发展、事关广大人民群众工作生活的重大战略问题，并围绕国际形势和国内现状，以哲学视野和辩证思维提出网络安全观，对网信工作方向、工作思路、工作判断提出了指导性的建议。在这一思想的指引下，我国针对网络安全、基础设施安全、数据安全等制定一系列法律法规，如《网络安全法》、《关基保护条例》和《网络安全审查办法》，搭起网络安全的顶层设计。

配套立法为网络安全提供强制约束。《网络安全法》明确了网络安全的内在要求与工作体系，反映了中央对国家网络安全工作的总体筹划，为在网络强国制度保障建设方面产生突破进展迈出了第一步，是国家安全观的重要实践。《关基保护条例》《网络安全审查办法》的正式出台是我国网络安全保护工作的里程碑，标志着我国在网络安全法治道路探索上又迈出了关键一步。

多维的防护手段为网络安全提供技术支持。从领域方向来说，网络安全技术主要分为五类：物理安全分析技术、网络结构安全分析技术、系统安全分析技术、管理安全分析技术以及其他的安全服务和安全机制策略。从更细节的研究内容来说，网络安全技术主要有七种：虚拟网技术、防火墙技术、病毒防护技术、入侵检测技术、安全扫描技术、认证和数字签名技术以及数据安全传输技术。如图4－3所示，多维度的防护手段涵盖了网络安全的方方面面，可以为网络安全体系建设提供有力的技术支持。

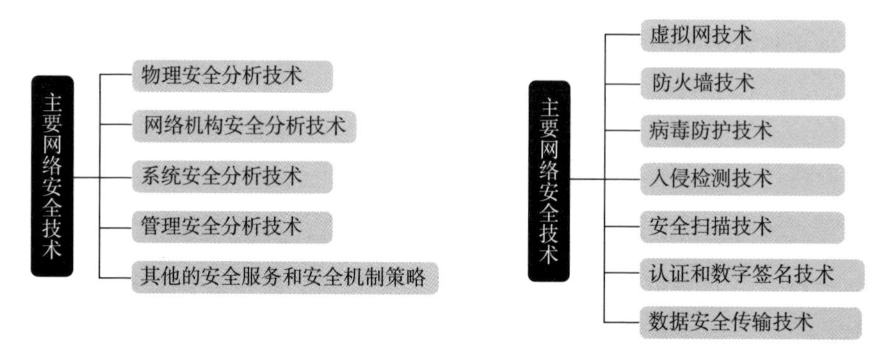

图4－3　网络安全技术的不同分类

配套标准的发布推进网络安全体系的不断完善。保护网络信息安全，不仅需要有相关的网络安全技术，更需要有国家层面的网络安全技术标准。目前国家出台的网络安全技术标准涉及信息技术安全性评估、攻防安全、云计算安全、数据安全等多个方面，是我国在逐步推进完善网络安全相关法律法规的实际体现。

第二节　构建数据安全保障体系

一、 数据安全的重要性

随着互联网技术的发展，数据泄露危害越来越严重，已经影响到国家安全和政治进程，如 2013 年的“棱镜门”、2016 年的“剑桥分析”事件等。而随着新冠肺炎疫情的常态化和数字经济的快速发展，数据泄露案例更是涉及各行各业，如医疗行业、金融行业等。数据安全已经成为网络安全的关键防护环节。

延伸阅读

2013 年 6 月，英国《卫报》和美国《华盛顿邮报》披露称，美国曾秘密进行一项名为“棱镜”的项目，通过进入微软等多家互联网巨头服务器，监控美国公民的聊天记录、电子邮件、视频和照片等秘密资料。

无独有偶，英国《观察家报》揭露了一家名为剑桥分析公司的行径。该公司在没有经过用户授权的情况下，访问超千万份用户资料，影响选民选票，最终帮助特朗普赢得 2016 的美国总统选举。

《数据安全法》指出：“数据安全，是指通过采取必要措施，确保数据处于有效保护和合法利用的状态，以及具备保障持续安全状态的能力。”

数据安全是网络安全的子要素，是网络安全防护的重中之重，但是数据安全与网络安全并不能简单画等号。网络安全关注互联网行为的安全性，主要包括网络访问控制、安全通信、防御网络攻击或入侵等。数据安全关注数据生命周期行为的安全性，主要包括数据收集、处理、存储、传输方面的安全。同时，数据安全与网络安全存在一定交叉，但数据安全并不总与网络安全紧密耦合。如数据传输过程需要网络设施安全保证，而数据使用与数据存储可能并不依赖网络。

大数据时代，党和国家在数据安全防护领域始终与人民同行。习近平总书记在中共中央政治局第二次集体学习时强调，审时度势、精心谋划、超前布局、力争主动，推动国家大数据战略，加快建设数字中国。要切实保障国家数据安全。要加强关键信息基础设施安全保护，强化国家关键数据资源保护能力，增强数据安全预警和溯源能力。①

二、 数据安全的特点与政策

党的十八大以来，在习近平总书记关于网络强国重要思想的指引下，我国数据安全相关法律法规陆续发布实施，数据安全法律体系逐渐完善。

（一）《个人信息和重要数据出境安全评估办法（征求意见稿）》

2017 年 4 月 11 日，国家互联网信息办公室发布了《个人信息和重要数据出境安全评估办法（征求意见稿）》（以下简称《数据出境评估办法》），此后于 2019 年 6 月 3 日、2021 年 10 月 29 日分别再次征求意见。

《数据出境评估办法》定义了“数据出境”的相关概念，提出出境数据需要强制进行安全评估，约定了数据跨境流动安全管理的规则要求。《数据出境评估办法》标志着我国在搭建数据出境安全管理制度的工作中迈出了重要且坚实的一步。

---

① 《习近平主持十九届中共中央政治局第二次集体学习》，学习强国平台，https：//www.xuexi.cn/42705a62cdb540848e2daa3cba96bf5e/e43e220633a65f9b6d8b53712cba9caa.html。

（二）《数据安全管理办法（征求意见稿）》

2019 年 5 月 28 日，国家互联网信息办公室就《数据安全管理办法（征求意见稿）》（以下简称《数据管理办法》）向社会公开征求意见。

《数据管理办法》涵盖“个人信息保护”“重要数据安全”“数据跨境安全”“互联网平台运营者义务”等多个数据安全管理要点，是承前启后、承上启下的关键文件，为《数据安全法》的颁布提供了立法框架支撑。

（三）《数据安全法》

2021 年 6 月 10 日，十三届全国人大常委会第二十九次会议审议通过《数据安全法》，于 2021 年 9 月 1 日施行。

《数据安全法》明确规定：“国家实施大数据战略，推进数据基础设施建设，鼓励和支持数据在各行业、各领域的创新应用。”强调，促进数据开发利用，保障数据依法有序自由流动，维护数据安全。《数据安全法》进一步完善了我国在数据安全领域的法律基础，有效保证了我国数字经济持续健康发展。

这些法律条例的出台确立了数据安全管理的各项基本制度，明确了数据保护工作的方向，给出了违规行为的处罚办法，是数据安全防护工作的重要组成部分。

三、 数据安全意识亟待加强

万物互联产生海量数据，数据信息资源在成为数字经济的关键生产要素的同时，也在国家层面、企业层面带来更为复杂的数据安全问题。

（一）国家层面

数据存在被窃取泄露、非法利用、非法出境等风险。一是窃取泄露数据。由于黑客攻击、员工窃取、内部违规操作、违规共享等原因，重要数据或个人信息可能会被窃取或违规泄露。二是非法利用数据。数据价值在当今时代越发凸显，难以有效避免掌握大量数据的互联网运营者非法利用数据牟利。三是数据非法出境。按照我国数据安全法律法规要求，关键信息基础设施运营者、重要数据处理者的个人信息和重要数据出境，需要接受出境安全评估，未通过安全评估或未进行安全评估的数据出境均具有很大的安全风险。

外国政府影响、控制、恶意利用网络信息风险。随着世界舆论体系的影响逐渐增强，数据安全风险控制不仅仅是国内的“一揽子事”，更是国际关系的“一揽子事”。网络舆论被国外控制、国内企业上市被国外审查等，都可能引起数据安全风险，对国家和人民利益造成损害。

（二）企业层面

外部数据安全威胁持续升级。通过漏洞等侵入网络实现数据窃取和破坏的安全事件时有发生，如软件木马病毒和网络攻击控制服务器导致数据泄露等。与此同时，新的攻击和外部数据安全威胁层出不穷，导致数据被篡改和非法使用，如当前流行的利用网络爬虫抓取和分析隐私数据、伪造视频造成舆论影响等。

内部数据安全风险与日俱增。随着外部对网络安全的攻击手段越来越复杂多样，内部的风险隐患也逐渐成为网络安全的又一大威胁。内部人员有意或无意引发的数据安全风险，催生了大量的数据黑产。对敏感用户数据的过度收集，对消费者个人权益造成了巨大损害。同时，大数据杀熟也正在严重侵害消费者的权益。

延伸阅读

数据黑产，是指网络黑色产业链。其利用互联网媒介，以网络攻击技术为手段，实施信息窃取、勒索诈骗、推广黄赌毒，并利用这一途径进行非法获利的网络违法行为。

四、 数据安全防护举措

近年来，我国高度重视数据安全，从健全法律法规体系、制定技术标准、建立数据分级制度、开展安全审查等方面多措并举，构建数据安全防护体系。

法律法规为数据安全保驾护航。《数据安全法》规定了中央国家安全领导机构、各地区各部门各行业主管部门的职责，也强调了企业的数据安全保护职责。《数据安全法》要求应对数据进行分级保护，建立全国范围内的数据安全评估监测预警机制和数据风险事故的应急处置机制，同时还要制定相应的安全审查制度，对数据依法实施出口管制。《数据安全法》还规定了政务数据的安全制度和开放规范，并明确了相关违法行为应承担的法律责任。

技术标准为数据安全提供规范指引。我国颁布了许多数据安全技术标准，如表4－1所示。比如，《工业互联网企业网络安全分类分级指南（征求意见稿）》对联网工业企业、平台企业和基础设施运营企业提出规范要求，涵盖目前工业互联网企业的常见类型，提出分级、指导和自评的三个基本原则，有助于提高工业互联网企业网络安全防范能力和水平。

表4－1　数据安全技术标准

发布时间	标准名称
2019年12月	《工业互联网企业网络安全分类分级指南（征求意见稿）》
2020年4月	《信息技术　大数据　数据分类指南》

续 表

发布时间	标准名称
2020 年 9 月	《金融数据安全 数据安全分级指南》
2020 年 12 月	《信息安全技术 健康医疗数据安全指南》
2021 年 4 月	《数据安全治理能力评估方法》
2021 年 5 月	《工业互联网数据安全保护要求》
2021 年 6 月	《中华人民共和国数据安全法》
2021 年 11 月	《网络数据安全管理条例（征求意见稿）》
2021 年 12 月	《网络安全标准实践指南——网络数据分类分级指引》
2022 年 1 月	《信息安全技术 重要数据识别指南（征求意见稿）》
2022 年 4 月	《信息安全技术 网络数据处理安全要求》

数据分类分级制度保障数据安全治理工作。数据分类分级不仅能够确保具有较低信任级别的用户无法访问敏感数据以保护重要的数据资产，也能够避免对不重要的数据采取不必要的安全措施。数据通过分级分类实现精细化安全管控。一方面，数据安全在管理的角度需要参考数据分级分类的方法编辑制定包括管理制度、保障措施、岗位职责等在内的内容；另一方面，不同类别和级别的数据应该受到不同程度的安全防护，从技术实现的角度促进安全保护与实际业务需求一致化。

延伸阅读

2020 年 9 月 23 日，中国人民银行发布了《金融数据安全 数据安全分级指南》（JR/T 0197—2020）（以下简称《指南》）。该金融行业标准给出了金融数据安全方面的数据分级、原则和范围，并且详细介绍了金融数据安全定级的过程、要素及规则（如表 4 －2、表 4 －3 所示）。

表4-2 《指南》对不同程度数据风险所作的划分

	无损害	轻微损害	一般损害	严重损害
国家安全	1级	5级		
公众权益	1级	3级	4级	5级
个人隐私	1级	2级	3级	4级
企业合法权益	1级	2级	3级	4级

表4-3 《指南》对不同类型数据给出的安全级别参考

数据类型	最低安全级别参考
健康生理信息、用户鉴别信息、生物特征信息	4级
基本概况信息（姓名、身份证号等）、财产信息、联系信息、位置信息、用户鉴别辅助信息、信贷信息、个人间关系信息、基于个人基本属性和关联属性构建的标签信息	3级
就学、职业、资质证书、党政、司法信息，公私关系信息，行为信息，金融业务类标签信息	2级

值得注意的是，《指南》特别强调金融业机构应高度重视个人金融信息相关数据，在数据安全定级过程中从高到低考虑。其中，个人金融信息中的C3类信息（主要为用户鉴别信息，如各类账户密码）属于4级数据；C2类信息（主要包括支付账号、动态口令等）为3级数据；C1类信息（主要包括账户开立时间、开立机构等）为2级数据。

安全审查是数据安全防护的重要手段。网络安全审查是国家评估关键信息运营者在网络服务过程中可能带来的风险的重要手段。国家互联网信息办公室联合多部门修订并发布《网络安全审查办法》，该文件要求百万级用户的平台运营者在国外上市前需要经过安全审查。

第三节　加大个人信息安全保障力度

一、规范个人信息安全保护

延伸阅读

2021年7月4日，“滴滴出行”移动应用因存在严重违法违规收集使用个人信息的问题，被国家互联网信息办公室依据《网络安全法》下架。第49次《中国互联网络发展状况统计报告》显示，遭遇个人信息泄露的网民比例达22.1%。App专项治理工作组近年来多次下架违法违规收集使用用户信息的应用，截至2021年共收到举报信息33000余条，涉及6000余款App。

随着大数据、人工智能等迅速发展，人们在获得技术进步红利的同时，也面临着前所未有的个人信息泄露风险。个人信息泄露案件层出不穷、屡禁不止，从传统的垃圾短信、推销电话，到如今的电信诈骗、恶意人肉搜索等，个人信息泄露给人们的日常生活和财产信誉造成巨大安全隐患，甚至严重威胁国家安全。

《个人信息保护法》指出：“个人信息是以电子或者其他方式记录的与已识别或者可识别的自然人有关的各种信息，不包括匿名化处理后的信息。”个人信息的处理包括收集、存储、使用、传输等多个环节。常见的个人信息根据敏感性可以分为一般个人信息（如姓名、出生日期等）和个人敏感信息（如身份证号、个人生物识别信息）[1]。

个人信息安全是数据安全中的特殊形式。从概念上来说，数据安全是信息安全的子集。根据国际标准化组织定义，信息安全强调信息本身的安全，以信息的机密性、完整性和可用性为保护目标的核心，关注信息自身的安全和信息系统的安全。数据安全则是包括任何以电子或其他方式对信息记录的安全。从敏感程度来说，个人信息相对一般数据更为敏感。从信息容量来说，个人信息包含的内容少、单一，一般数据的内容多、冗余。从使用价值来说，个人信息更多用于个人识别，而一般数据多用于数据分析。

党中央反复强调“网络安全为人民”，个人信息安全是与人民利益关系最为密切的一环。《“十四五”国家信息化规划》指出，要“建立数据分类分级管理制度和个人信息保护认证制度，强化数据安全风险评估、监测预警、检测认证和应急处理，加强对重要数据、企业商业秘密和个人信息的保护，规范对未成年人个人信息的使用”。

二、个人信息安全特点与政策

2021年8月20日，十三届全国人大常委会第三十次会议表决通过了《个人信息保护法》，自2021年11月1日起施行。

《个人信息保护法》涵盖内容广泛。从内容上来说，《个人信息保护法》明确了个人信息囊括的范围，区分了一般个人信息和敏感个人信息，提出了对个人信息处理的原则和要求——合法、正当、必要、明确、合理、公开、透明等，说明了个人在信息处理活动中所拥有的权利和应尽的义务，规定了个人信息保护部门的职责和相关法律责任与行政处罚措施。另外，《个

---

① 《信息安全技术 移动互联网应用程序（App）收集个人信息基本要求》，全国标准信息公共服务平台，http://std.samr.gov.cn/gb/search/gbDetailed?id=DD3D95E5C13071EBE05397BE0A0AF33F。

人信息保护法》还针对人们关切的自动化决策、匿名化使用等问题作出了明确要求。

《个人信息保护法》是里程碑式立法。《个人信息保护法》是我国第一部专门针对个人信息保护制定的法律，不仅为构建保护个人信息权益的法律框架打下了基础，还为相关个人信息处理者提供了具体的法律合规指引。《个人信息保护法》的出现极大地完善了我国在数据领域的立法体系。

《个人信息保护法》与其他网络安全法律相辅相成。《个人信息保护法》是《网络安全法》《数据安全法》的进一步发展和完善，以三大法律为基础，国家网信办联合工信部起草了《移动互联网应用程序个人信息保护管理暂行规定》，研究制定 App 收集使用数据的安全标准。此外，《儿童个人信息网络保护规定》《常见类型移动互联网应用程序必要个人信息范围规定》等规定完善了实践要求和准则。中国特色的网络安全治理框架不断完善，中国网络安全法律体系规范逐渐形成。

三、 个人信息防护形势严峻

在数字经济时代，个人信息采集变得更为方便、隐秘，个人信息在社交、购物、医疗、出行等领域的合理使用给民众带来全新体验的同时，也面临着泄露、窃取和滥用等威胁和挑战。

个人信息范围不断延伸。个人信息从传统的姓名、通讯记录、家庭住址等，已经延伸到人脸、声纹等生物特征信息方面。另外，利用 AI 技术伪造合成信息进行网络诈骗等行为防不胜防，对个人信息保护工作提出了新的挑战。

个人信息保护技术参差不齐。个人信息保护技术涵盖计算机、法律等多个领域，企业安全建设水平参差不齐，由此导致用户个人信息面临被滥用和泄露的风险。《南方都市报》人工智能伦理课题组和App专项治理工作组发布的《人脸识别应用公众调研报告（2020）》指出，六成以上的受访者认为人脸识别技术存在滥用风险。①

个人信息违规收集使用现象严重。相关法律规定网络服务提供者应当配备公开的隐私政策，然而对微小企业来说，它们缺少专业的隐私政策撰写团队；对大型企业而言，隐私政策的制定一般与法务部门关联，与实际运营人员存在部门割裂。这些问题导致了隐私政策与实际使用过程的断层，极易引发个人信息的违规收集使用。

个人信息使用与产业利用存在内在冲突。对于用户而言，信息数据安全是人们最为关切的问题，但又存在便利性和安全性的矛盾；对于企业而言，信息数据的有效利用是运营的关键环节，但又面临防护成本和使用收益平衡的难题。如何使用、用到何种程度，成为信息社会必须直面的现实问题。

四、 个人信息安全防护举措

个人信息安全防护要运用法治思维和法治方式，政府和企业双管齐下，同向发力，为个人信息安全构筑保护屏障。

颁布标准规范约束信息处理行为。近年来，国家公布实施了许多个人信息保护的技术标准，为个人信息保护提供了方向和指引。《信息安全技术 个人信息安全规范》规定了个人信息控制者在收集、保存、使用、共享、转让、公开披露等一系列信息处理行为中应当遵守的规范。在个人信息收集方面，需要遵守的准则主要包括：符合最小必要原则，允许个人信

① 管璇悦、吴月辉、王鹏：《筑牢信息共享安全边界（关注个人信息保护）》，《人民日报》2021年11月1日。

息主体自主选择多项业务，告知同意原则，制定个人信息保护政策等。在个人信息存储方面，需要遵守的准则主要包括存储时间最小化、去标识化处理、通过加密等安全措施对传输和存储时涉及的个人敏感信息进行处理等。除此之外，我国目前实施的部分个人信息保护技术标准如表4－4所示。

表4－4　个人信息保护技术标准

发布单位	标准名称
国家标准化管理委员会	《网络安全标准实践指南——移动互联网应用程序（App）收集使用个人信息自评估指南》
	《网络安全标准实践指南——移动互联网应用程序（App）系统权限申请使用指南》
	《信息安全技术 公共及商用服务信息系统个人信息保护指南》
	《信息安全技术 移动智能终端个人信息保护技术要求》
	《信息安全技术 个人信息去标识化指南》
	《信息安全技术 个人信息安全影响评估指南》
	《信息安全技术 移动互联网应用程序（App）收集个人信息基本要求》
国家互联网信息办公室秘书局、工业和信息化部办公厅、公安部办公厅、国家市场监督管理总局办公厅	《App违法违规收集使用个人信息行为认定方法》
国家互联网信息办公室	《个人信息出境安全评估办法》
国务院	《互联网信息服务管理办法》
国家互联网信息办公室秘书局、工业和信息化部办公厅、公安部办公厅、国家市场监督管理总局办公厅	《常见类型移动互联网应用程序必要个人信息范围规定》
电信终端产业协会	《App收集使用个人信息最小必要评估规范总则》
	《App用户权益保护测评规范 超范围收集个人信息》
	《App用户权益保护测评规范 定向推送》

设立专项工作组治理违法违规行为。专项工作组统筹协调各领域发展的全局性工作，指导各地区、各领域推进工作治理。App违法违规治理工

作组针对违法违规收集个人信息、强制频繁过度索取权限、违法使用个人信息和定向推送等突出的隐私问题，持续开展了多期 App 侵害用户权益整治活动，对千余款 App 采取整改、下架等举措，有效推动了移动应用个人隐私保护体系的形成。

政企双管齐下推动建立个人隐私保护监测工具平台。个人隐私保护监测工具平台为个人信息保护提供了技术支撑。中国信息通信研究院在 2020 年联合多家企业正式上线运行了 App 技术检测平台，承担 App 侵害用户权益专项治理行动中的技术检测任务。许多安全企业厂商也推出了 App 安全检测的产品（如网易易盾、百度安全隐私合规助手等），为移动应用隐私安全保护提供技术支持。

第四节　国际网络安全发展态势

一、 美国网络安全发展进程及特点

美国国家网络安全战略的形成是一个逐步从“政策”“计划”，上升为“国家战略”的不断调整完善的过程，初步可以分为萌芽期、形成期、发展期和成熟期（如表 4－5 所示）。

美国网络安全发展的萌芽期：美国于 1996 年 5 月成立了总统关键基础设施保护委员会，并在 2000 年发布的《国家安全战略》（National Security Strategy）中，首次将网络安全的概念内容加入国家安全战略框架中，这意味着网络安全内容正式被纳入美国国家安全战略，美国网络安全战略初步形成。

美国网络安全发展的形成期：2001 年“9・11”事件后，美国前总统

小布什于当年 10 月签发 13228 号行政令（E. O. 13228），成立国土安全办公室和委员会；2003 年发布的《确保网络空间安全的国家战略》把建立美国的国家网络安全应急系统列为首要目标。

美国网络安全发展的发展期：2009 年 2 月，美国政府在《网络空间政策评估：确保拥有可靠的和有韧性的信息与通信基础设施》报告中表示，将增设负责全国网络安全事件协调的网络安全协调官职位。2015 年 12 月颁布《网络安全信息共享法》，次年 12 月发布《国家网络安全应急预案》，美国网络安全战略政策、法律和制度体系基本构建完成。

表 4－5　美国国家网络安全战略发展演变

时期	名称	主要内容
萌芽期（1996 年 5 月至 2000 年 4 月）	《保护美国的网络空间：国家信息系统保护计划 1. 0 版》	分析形势，确定目标范围，制定联邦政府关键基础设施保护计划（包括民用机构和国防部），以及私营部门、州和地方政府的关键基础设施保障框架
形成期（2000 年 4 月至 2003 年 2 月）	《确保网络空间安全的国家战略》	规定了国家网络安全的总体战略目标并设立了优先任务，强调要利用好社会机构及高校的力量，充分重视相关人才的培训及网络安全意识的普及教育
发展期（2003 年 2 月至 2016 年 12 月）	《网络空间政策评估：确保拥有可靠的和有韧性的信息与通信基础设施》	通过对与信息和通信基础设施有关的所有任务和活动进行评估，就未来如何实现拥有可靠、有韧性和值得信赖的数字基础设施进行说明
	《网络空间国际战略：网络化世界的繁荣、安全与开放》	美国网络空间战略的三个核心原则；网络空间如果要繁荣并且能够发展好，也需要有一些范式；美国政府对网络空间的责任
成熟期（2017 年 1 月至 2018 年 9 月）	《国家网络战略》	从保卫美国国土安全、稳定美国的生活方式、促进美国繁荣和提升美国影响力四个方面提出了国家总体推进网络发展并保护网络空间安全的总体方案

美国网络安全发展的成熟期：2017 年 1 月，特朗普政府执政后，陆续签发有关网络安全的总统令。2018 年 9 月 20 日，特朗普政府公布美国《国家网络战略》，这是自 2003 年以来首份完整阐述美国国家网络战略的顶层

战略，标志着该届美国政府已完成网络安全战略制定工作。

延伸阅读

2017 年，美国政府签署《增强联邦政府与关键基础设施网络安全》。次年，网络安全和基础设施安全局成立，《网络安全和基础设施安全局法案》随之发布，国家保护与计划局设立的技术中心等组织架构被并入网络安全和基础设施安全局管理。2021 年美国又先后发布《美国网络安全和基础设施安全局网络演习法案》《国家安全备忘录：改进关键基础设施控制系统网络安全》《保护 5G 云基础设施安全指南》，以进一步改善关键基础设施网络安全。

美国网络安全相关的法律条例数量较多，但是分布较广泛，呈现专一性和分散性相结合的特点。除了总体的安全法律外，部分州还拥有自己的网络安全法律。如加利福尼亚州《消费者隐私法》对泄露居民数据或未使用合理有效的防护措施来保护居民数据的企业采取严格的罚款处罚；弗吉尼亚州和科罗拉多州的《数据保护条例》也要求在数据处理过程中采取“合适”的安全措施。

对比美国和中国的网络安全立法体系，可以看出，从网络安全的角度来说，美国法律的适用对象更多保护和限制的是企业的权利，约束的是贸易相关行为，而我国更侧重在国家安全防护方面；在数据安全保护和个人信息防护上，美国的多种法律在违法处罚的要求上比我国更加具体，处罚也更为严格。

二、 欧盟网络安全发展进程及特点

欧盟维护网络安全的组织主要包括计算机紧急情况反应小组和计算机

安全事件应变小组，他们主要负责保护、检测和响应计算机网络安全事件的报告和活动。

延伸阅读

2000 年左右，为实现欧盟层面的网络安全协调，欧盟建立了良好但非正式的欧洲 CSIRT 网络，设立了一个专门机构来填补协调中心的职位。然而，与 CERT/CC、FIRST 和 TF－CSIRT 的作用不同，欧盟引入了一个新的监管要素，这为 2004 年成立的欧盟网络和信息安全局奠定了制度基石。

欧盟网络安全局是于 2004 年根据欧盟第 460/2004 号法规以欧洲网络和信息安全局的名义创建，自 2005 年 9 月 1 日起全面投入运营。该机构与欧盟成员国和其他利益相关者密切合作，提供建议和解决方案，并提高其网络安全能力。

在网络安全法律条例方面，欧盟发布的相关重要法律有《网络与信息安全指令》（Network and Information Security Directive，NISD）、《通用数据保护条例》（General Data Protection Regulation，GDPR）和《欧盟网络安全法案》（EU Cybersecurity Act）。

2016 年，主导欧盟网络安全战略的《网络与信息安全指令》正式生效，该立法要求欧盟成员国在战略和组织方面满足国家间最低协调水平，其另一层意义在于增强基础服务运营者和数字服务提供者的网络与信息系统安全，并要求这两者履行网络风险管理、网络安全事故应对与通知等义务。

2018 年，《通用数据保护条例》开始实施，在赋予公民更多权利的基础上，从数据运营者、数据控制者等多个不同角度规范了数据处理人员的权利和义务。如在使用个人信息服务时需要被告知如何处理、怎样处理该数据等内容。它旨在统协欧盟的数据隐私法，为数据保护设定高标准，并对违反规定者处以高额罚款。该法律包括数据保护的技术要求，以及明确要求数据主体获得许可并提供查询、更改和可能删除保存的信息的可访问方式的法律要求。

《欧盟网络安全法案》在2019年生效，这一法案规定了欧洲网络安全局的任务，并且建立了欧洲网络安全的认证框架。该法案体现出欧盟在网络安全顶层设计、制度安排、策略手段等方面的考虑和关注，在法律层面赋予欧洲网络与信息安全机构更多权力，构建了统一的欧盟网络安全认证框架，提升了欧盟整体的网络安全防护水平。《欧盟网络安全法案》同《网络与信息安全指令》和《通用数据保护条例》一脉相承、相互补充，进一步完善了欧盟网络安全法律体系，对构建更加完善的欧盟网络安全法律体系有着积极的作用。

欧盟在网络安全方面的立法重点在于维护现有法规的执行，以及如何制定新的行为规范。它更多地将相关工作分配到各个国家的机构，每个机构负责特定的职责。对比欧盟和中国在网络安全方面的立法体系，欧盟在网络安全的立法上更倾向于提供总体原则，重视公民的基本权利，促进现有法律的实施，总结性更强，覆盖点更细致；中国的立法更倾向于维护整个网络空间安全法律体系的完整性，更具有宏观性和统筹性。

三、 其他国家数字安全发展进程及特点

（一）日本——官民协同

2000年，日本出台了《信息安全政策指导方针》。2003年，日本经济产业省首次出台了国家安全层面的《信息安全总体战略》，由此拉开日本信

息安全领域官民合作的帷幕。2005 年 12 月 13 日，日本国家信息安全中心颁布了明确涉及 14 个关键信息基础设施领域的《关键基础设施信息安全措施行动计划》，规定新的网络系统服务以维护网络安全。2013 年 6 月 10 日，日本发布了第一份《网络安全战略》，提出了日本在国家安全方面的新目标。2014 年 11 月 6 日，日本通过了《网络安全基本法》，规定了国家、地方政府、各机构、个人在网络安全中的责任，充分体现日本网络安全“官民协同”的特点。2021 年，日本内阁秘书处内阁网络安全中心（NISC）于 5 月 13 日的第 28 次会议中发布了《下一代网络安全战略纲要》、《网络安全研发战略（修订版）》与《网络安全委员会倡议》。同年 9 月 27 日，日本政府确定新版战略议案，首次明确将中国、俄罗斯、朝鲜视为“威胁”。

此外，日本早在 2003 年就颁布了《个人信息保护法》（APPI），并且分别在 2015 年与 2020 年进行了两次较大规模的修订，规定了国家、地方公共团体的职责以及个人信息处理业者的义务。

（二）新加坡——内容管制和信息保护不可偏废

2005 年，新加坡信息通信发展局（IDA）发布第一个《信息通信安全总体规划（2005—2007 年）》，明确了由公共部门、私营部门和个人组成的保护国家信息通信安全的支柱。2008 年，为了将新加坡打造成“安全和可信任中心”，IDA 制定了第二份《信息通信安全规划（2008—2012 年）》。此后，新加坡于 2013 年制定了第三份信息通信规划——《国家网络安全发展蓝图 2018》，期望在五年内能提升国家在关键领域的网络风险防治能力。2016 年和 2021 年，新加坡先后出台两份国家网络安全战略，并且于 2018 年通过并执行《网络安全法案》。从《国内安全法》、《网络行为法》、《广播法》以及《互联网操作规则》中可以看出，新加坡法案在内容管制方面出台了详细的政策与规定，明确了网络服务提供商、内容提供商的责任与义务。

在个人信息保护方面，涉及互联网服务的《行业内容操作守则》提出，个人资料必须被尊重。2012 年，《个人信息保护法案》通过，该法案旨在保证个人信息不被非法利用。

（三）印度——政府与部门法规相辅相成

2000 年 5 月，印度内阁议会通过了《信息技术法案》，将规范电子商务活动、防范与打击针对计算机和网络的犯罪列为其中的一个目标。2011 年，跨部门网络防御工作组成立。2013 年 9 月，印度出台《国家网络安全政策》（NSSC），阐释了一系列网络安全相关规划，这意味着该国的网络安全治理机制开始逐步形成。然而，印度一方面长期受到恐怖主义的困扰，军政并未在网络安全领域达成有效合作；另一方面，机制总体分工不明确，结构混乱。因此，印度网络安全需要在层层挑战下进行改革与发展。

2018 年 7 月，印度正式发布了《2018 年个人数据保护法案（草案）》。2019 年，被称为印度版“通用数据保护条例”的《2019 年个人数据保护法案（送审稿）》被提交至国会进行审议。2021 年 12 月，《2019 年个人数据保护法（草案）》公布，该法案旨在保证数据共享中“同意”原则的神圣性，并对违反隐私规则的人进行惩罚。

延伸阅读

2017 年，印度餐饮网站 Zomato 的 1700 万数据被非法泄露。同年，印度受到勒索软件 WannaCry 的影响，受网络攻击程度达到全球第三。印度作为世界上仅次于美国和中国的第三大网络犯罪受害国，频繁遭受网络攻击。

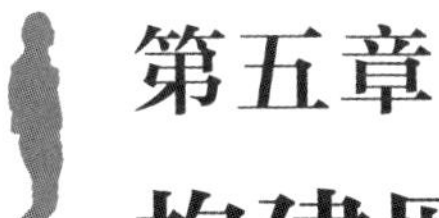

第五章

构建网络空间命运共同体

"十四五"规划纲要提出："推动构建网络空间命运共同体。推进网络空间国际交流与合作，推动以联合国为主渠道、以联合国宪章为基本原则制定数字和网络空间国际规则。推动建立多边、民主、透明的全球互联网治理体系，建立更加公平合理的网络基础设施和资源治理机制。积极参与数据安全、数字货币、数字税务等国际规则和数字技术标准制定。推动全球网络安全保障合作机制建设，构建保护数据要素、处置网络安全事件、打击网络犯罪的国际协调合作机制。向欠发达国家提供技术、设备、服务等数字援助，使各国共享数字时代红利。积极推进网络文化交流互鉴。"

一个安全、稳定、繁荣的网络空间，对一国乃至世界和平与发展越来越具有重大意义。① 世界各国应积极推动完善网络空间国际规则，打造数字生态合作平台，共享数字化发展成果，加快构建网络空间命运共同体。

第一节　推动完善网络空间国际规则

一、 积极参与网络空间国际规则制定

随着世界各国联系日益紧密，网络空间命运共同体理念越来越多地得到世界各国的认同。网络空间的发展影响着人类生产、生活方式的变化，推动着全球政治、经济格局和战略博弈的演化，也逐渐显露出发展不均衡、规则不健全、体系不完善和治理模式难达成共识等问题。需要以联合国框

---

① 中共中央党史和文献研究院：《习近平关于网络强国论述摘编》，中央文献出版社 2021 年版，第 152 页。

架为根本遵循，制定对各国具有统一约束力的国际网络空间准则和行动规则，构建联合国领导、各国参与、企业履责、社会监督、网民自律等多主体共同参与、协同发展的国际网络空间治理框架，以体现大多数国家的网络空间利益，形成责任共担、利益共享的全球网络发展格局，让更多国家以及更多国家的人民享受到互联网发展红利。按照规则制定的目的来划分，网络空间国际规则大致可分为网络空间和平维护规则、国际社会中各方利益保护规则、数字资源跨境相关利益分配规则、网络技术互联互通规则四大类。[①]

党的十八大以来，立足中国与世界的关系，立足互联网与人类社会的关系，习近平总书记发表了一系列重要论述，为网络空间治理的开展提供了重要的理论依据、方法和路径。

延伸阅读

深化网络空间国际合作

互联网发展是无国界、无边界的，利用好、发展好、治理好互联网必须深化网络空间国际合作，携手构建网络空间命运共同体。

——2016 年 11 月 16 日，习近平在第三届世界互联网大会开幕式上的视频讲话

共同构建和平、安全、开放、合作的网络空间，建立多边、民主、透明的国际互联网治理体系

当今世界，互联网发展对国家主权、安全、发展利益提出了新的挑战，必须认真应对。虽然互联网具有高度全球化的特征，但每一个国家在信息

① 方芳、杨剑：《网络空间国际规则：问题、态势与中国角色》，《厦门大学学报》（哲学社会科学版）2018 年第 1 期。

领域的主权权益都不应受到侵犯，互联网技术再发展也不能侵犯他国的信息主权。在信息领域没有双重标准，各国都有权维护自己的信息安全，不能一个国家安全而其他国家不安全，一部分国家安全而另一部分国家不安全，更不能牺牲别国安全谋求自身所谓绝对安全。国际社会要本着相互尊重和相互信任的原则，通过积极有效的国际合作，共同构建和平、安全、开放、合作的网络空间，建立多边、民主、透明的国际互联网治理体系。

——2014 年 7 月 16 日，习近平在巴西国会发表的演讲《弘扬传统友好 共谱合作新篇》

加快提升我国网络空间的国际话语权

加快推进网络信息技术自主创新，加快数字经济对经济发展的推动，加快提高网络管理水平，加快增强网络空间安全防御能力，加快用网络信息技术推进社会治理，加快提升我国对网络空间的国际话语权和规则制定权，朝着建设网络强国目标不懈努力。

——2016 年 10 月 9 日，习近平在主持中共中央政治局就实施网络强国战略进行第三十六次集体学习时的讲话

二、 国内外网络空间规则

近年来，世界各国广泛关注全球网络空间国际规则的制定进程，并积极参与其中。2011 年 9 月 12 日，中国、俄罗斯、塔吉克斯坦、乌兹别克斯坦正式向联合国提交了《信息安全国际行为准则》，从本国利益出发争相推出各国的理念，力图占据主动。2013 年，联合国信息安全政府专家组达成的共识性报告确认了国际法特别是《联合国宪章》在网络空间的适用。这

意味着国家的网络空间行为必须遵循包括《联合国宪章》在内的现有国际法。2016 年是网络空间规则制定的重要一年，中美两国建立了打击网络犯罪及相关事项高级别联合对话机制，就此网络关系基本稳定。2021 年，联合国信息安全政府专家组（UNGGE）、联合国信息安全开放式工作组（OEWG）双轨进程先后协商一致达成实质性报告，进一步推动了全球网络空间法制进程，网络空间国际规则制定取得重要进展，规则博弈进入新阶段。①

中国政府也高度重视网络空间国际规则的制定。《中共中央关于制定国民经济和社会发展第十三个五年规划的建议》提出，要“加强宏观经济政策国际协调，促进全球经济平衡、金融安全、经济稳定增长。积极参与网络、深海、极地、空天等新领域国际规则制定”。2016 年，国家互联网信息办公室发布《国家网络空间安全战略》，明确“强化网络空间国际合作，推动制定各方普遍接受的网络空间国际规则、网络空间国际反恐公约”。2017 年，国家互联网信息办公室和外交部联合发布了《网络空间国际合作战略》，主张“在联合国框架下制定各国普遍接受的网络空间国际规则和国家行为规范，确立国家及各行为体在网络空间应遵循的基本准则”②。2020 年，中国提出《全球数据安全倡议》③，围绕关键基础设施及重要数据安全、个人信息保护、数据跨境流动、信息产品和服务供应链安全等核心问题，倡议各国及相关企业合力共建和平、安全、开放、合作、有序的网络空间。同时，信息化发展法律政策框架也同步形成，《网络安全法》《数据

① 王铮：《网络空间国际规则博弈发展动向与态势探析》，《北京航空航天大学学报》（社会科学版）2021 年第 5 期。

② 《发布〈网络空间国际合作战略〉》，中华人民共和国国家互联网信息办公室，http://www.cac.gov.cn/2017-03/01/c_1120552867.htm。

③ 《全球数据安全倡议》，中华人民共和国中央人民政府网，http://www.gov.cn/xinwen/2020-09/08/content_5541579.htm。

安全法》《个人信息保护法》等颁布实施，国家安全、社会公共利益、消费者权益、数据安全得到有效维护。

三、现有网络空间国际规则面临的问题与挑战

近年来，网络空间治理逐渐走向规则化、法制化，国际社会对网络空间规则制定也达成了一定程度的共识，但不同国家、不同区域在基本理念、国家主权、网络资源分配等方面仍存在一定差异，因此建立各方接受、平等参与、普惠共享、和平安全的网络空间国际规则依然是各国的共同责任。主要面临以下问题。

规则约束与执行力的有限性。目前，网络空间规则建设主要依赖各类建议性和指导性文件，缺乏对网络空间参与国有效的法律约束，而各网络空间建设参与国对构建普适性法律约束又难以形成共识。一方面，各参与国希望通过构建国际规则约束保障自身网络安全；另一方面，各参与国又希望本国受到尽可能小的规则制约。构建普适性的网络规则约束，需要充分考虑国际网络安全建设要求和各个参与国的利益需求，当二者无法平衡时，就难以构建普适性的网络空间法律约束，现有的建议和指导性文件也难以发挥其执行力与约束力。①

国家主权与网络自由主义的矛盾。目前，互联网运行的相关标准和技术规则大多不是由政府官方发布，诸多网络问题的解决依赖于非正式、非政府的治理框架，这也为网络自由主义提供了空间，因此，西方国家主要将网络空间划归“全球公域”，强调网络公共资源由国际共享，不受任何国家或个人的拥有或控制。在这种网络自由主义思潮下，世界范围内的网络

① 耿召：《网络空间技术标准建设及其对国际宏观规则制定的启示》，《国际政治研究》2021年第6期。

犯罪，以及对知识产权和个人隐私的侵害屡禁不止，甚至威胁到国家安全。事实证明，最大的危险不是政府的过度反应，而是政府的不作为。[①]

延伸阅读

2013 年，斯诺登曾披露美国“棱镜门”计划，首次曝光了美国长期对外实施监听的惊人行径。2021 年，据外媒报道，美国国家安全局利用丹麦信息基础设施对包括德国总理默克尔在内的欧洲盟国领导人和高级官员进行监听活动。此次事件使各国意识到网络自由是相对的，任何信息传输到网络上都可能被监听。

在 2008 年 8 月俄罗斯与格鲁吉亚的战争中，俄罗斯在发动军事战争的同时，对格鲁吉亚开展了大规模网络攻击，直接影响格鲁吉亚战争动员与支援能力。该案例证明，基于国际利益冲突的网络攻击的破坏性不亚于常规武器战争。

网络基础资源的配置不均衡。不同国家在网络基础设施、数据资源配置、网络空间资源等方面分配不均衡的问题，直接影响网络空间国际规则制定的主动权与影响力。以互联网地址资源分配为例，美国长期以来实际控制互联网名称与数字地址分配机构（ICANN）。数字地址作为最重要的网络基础资源，由个别国家掌握，将直接导致网络治理权不平等。占有资源分配权的网络强国将有恃无恐，从本国发展利益考虑，制定片面国际规则；网络弱国则没有国际话语权，并随时面临网络安全风险。[②]

---

① 王贵国：《网络空间国际治理的规则及适用》，《中国法律评论》2021 年第 2 期。

② 王佳宜：《从分歧到共识：网络空间国际规则制定及中国因应》，《中国科技论坛》2021 年第 8 期。

延伸阅读

互联网名称与数字地址分配机构（The Internet Corporation for Assigned Names and Numbers，ICANN）成立于1998年10月，是一个集合了全球网络界商业、技术及学术各领域专家的非营利性国际组织，负责互联网协议（IP）地址的空间分配、协议标识符的指派、通用顶级域名（gTLD）、国家和地区顶级域名（ccTLD）系统的管理以及根服务器系统的管理。①

四、构建网络空间国际规则的探索与举措

在网络空间国际规则制定的进程中，中国作为重要参与者与推动者，一直致力于推动规则制定符合本国和国际社会共同利益，同时也能体现发展中国家的利益，不断争取规则制定的话语权，形成各方普遍接受、“多边”协同发展的网络空间国际规则，与世界各国携手构建网络空间命运共同体。

促进数据安全有序流动。在WTO合作框架下，基于各国数据主权，加快数字贸易谈判，制定包含中、美、欧等主要国家和地区的、世界各国共同参与的数据跨境流动合作框架，开展国际协作与谈判，推动数据跨境流动的制度建设，避免因对不同国家、地区政策理解不同而引发的政策对抗，避免数据管理不当对他国数据主权的侵犯。②

保障全球数字科技合作。推动数字基础设施互联互通、技术标准互信

① 张彤：《互联网存在“两个中国”？是无知还是抹黑?》，《中国教育网络》2019年第z1期。

② 中国电子信息产业发展研究院等：《全球及中国数据跨境流动规则和机制建设白皮书》，赛迪智库，https：//www. ccidgroup. com/info/1096/33588. htm。

互认，加大国际技术交流、产教协作，在联合国的框架下求同存异，解决技术争端，避免“意识形态”纷争对数字科技和产业竞争的影响。同时，反对技术问题政治化，反对科技冷战，建立多边、包容、非歧视的数字科技合作环境，拓展全球数字合作新空间。

避免网络空间独占化。重视国际法在规范网络空间国家行为方面的作用，在联合国框架下，以建立数据安全规则体系、构建冲突调节机制为目标，积极参与和支持网络空间国际规则制定，避免造成网络空间国际规则与现行的国际法法条发生冲突。

第二节　打造开放、互利、共赢的数字生态合作

一、大力推进数字生态合作

数字化是时代发展潮流，为创新和发展提供了动力。随着数字化时代的来临，国际发展合作逐渐以数字化发展为重要领域趋势，国际社会对加强数字化领域的国际发展合作凝聚了大量共识，提出全球和地区数字化战略和数字合作倡议。然而在数字化合作中，数据主权、数字冲突以及网络安全等方面都存在着巨大的安全挑战。如何打造一个良性的全球数字生态合作平台，促进数字经济发展，优化数字生态环境，深化数字合作开展，加强网上文化交流互鉴，让数字文明造福各国人民，共享数字生态发展之道，是各国应该共同承担的责任与使命。

以习近平同志为核心的党中央高度重视数字生态建设，多次在重要会议上作出部署。

延伸阅读

数字技术是世界科技革命和产业变革的先机

数字技术正以新理念、新业态、新模式全面融入人类经济、政治、文化、社会、生态文明建设各领域和全过程，给人类生产生活带来广泛而深刻的影响。

——2021 年 9 月 26 日，习近平向 2021 年世界互联网大会乌镇峰会致贺信时强调

让数字文明造福各国人民

数字经济是全球未来的发展方向，创新是亚太经济腾飞的翅膀。我们应该主动把握时代机遇，充分发挥本地区人力资源广、技术底子好、市场潜力大的特点，打造竞争新优势，为各国人民过上更好日子开辟新可能。

——2020 年 11 月 20 日，习近平在亚太经合组织第二十七次领导人非正式会议上的发言

中国愿同世界各国一道，共同担起为人类谋进步的历史责任，激发数字经济活力，增强数字政府效能，优化数字社会环境，构建数字合作格局，筑牢数字安全屏障，让数字文明造福各国人民，推动构建人类命运共同体。

——2021 年 9 月 26 日，习近平向 2021 年世界互联网大会乌镇峰会致贺信时强调

二、 国内外数字生态合作的特点

当前国际数字生态合作主要呈现三大趋势：一是数字化成为国际合作

的重要领域。世界各国高度重视数字化发展与数字合作，联合国、世界银行等国际组织都提出了数字化国际合作战略与倡议，欧洲联盟、东南亚国家联盟、非洲联盟也纷纷提出区域数字化中长期战略。二是发展中国家和地区数字化发展需求旺盛，蕴藏着巨大的发展合作机遇。在发展中国家，特别是最不发达国家，存在数字基础设施薄弱、互联网接入水平较低、数字素养与技能不高等问题，数字红利远未实现，其在互联网联通、信息共享、数据分析、数字化服务等方面的需求尤为凸显。三是发达国家纷纷提出对外援助数字化战略，数字化成为国际贸易、国际投资的热点领域。①

中国高度重视数字生态国际合作。2021 年 9 月 21 日，习近平总书记在第七十六届联合国大会上的重要讲话中提出“全球发展倡议”，将数字经济、互联互通作为其中两个重要合作领域。2021 年 11 月 12 日，在亚太经合组织第二十八次领导人非正式会议上，习近平主席发表重要讲话，指出，中国提出促进数字时代互联互通倡议，支持加强数字经济国际合作，已申请加入《数字经济伙伴关系协定》。2021 年，中国发布的《新时代的中国国际发展合作》白皮书指出，中国支持建设了 37 个电信传输网、政务信息网络等电信基础设施项目，援助和支持了肯尼亚、老挝、巴布亚新几内亚、孟加拉国等多个国家信息通信产业的发展。在电子商务国际合作方面，2015—2022 年，国务院先后六批批准设立了 132 个跨境电商综试区，覆盖全国 30 个省区市。中国不断深化与其他发展中国家以及经济落后国家在电子商务领域的合作内容，积极发展“丝路电商”，鼓励中国电子商务企业以“走出去”方式推动国际合作，促进各个国家之间在数字领域合作共赢、共同发展，建立了开放、普惠、安全、友好的全球电子商务发展格局。

① 王永洁：《数字化领域国际发展合作与中国路径研究》，《国际经济评论》2022 年第 3 期。

三、 开展数字生态合作面临的问题

数字化快速发展过程中也面临着一些新问题、新挑战。数字大国成为国际社会数字技术与数字生态发展的主要推动者和规则制定者，导致任何国家都有可能在全球数字生态发展中被边缘化，在全球数字生态合作中，数据主权、数字保护、数字冲突等问题日益突出。

国家数据主权问题。在数字化时代，数据主权成为国家主权的重要构成部分。针对特斯拉维权事件中“行驶数据到底属于谁”的问题，特斯拉宣布已在中国建立数据中心，以实现数据中国本地化存储。此外，欧盟强势推进数字税计划等都证明如果一个国家丧失了数据主权，则会损害该国的主权独立性和完整性，甚至成为其他霸权大国的附庸。[①] 而在全球数字生态合作的大背景下，数据全球化又是不可逆转的大潮流，这也就意味着，数据主权的大博弈将是一个艰难的过程，如何在维护数据主权的前提下推进数字生态健康发展，实现共建共治共享，是国际社会面临的共同问题。

数字保护主义问题。一些国家或者地区为维护数字经济利益，利用关税与非关税措施限制数字产品进口，甚至使用政治、法律等管辖手段，对别国数字应用产品及企业进行打压，限制其进入本国或者本地区，达到保护本国或者本地区数字企业的目的。这些数字保护主义的措施，往往会对国际数字贸易秩序产生冲击。

延伸阅读

2019 年，谷歌母公司 Alphabet 停止与华为相关的业务和服务，导致华

---

① 鲁传颖：《网络空间中的数据及其治理机制分析》，《全球传媒学刊》2016 年第 4 期。

为新发布手机无法预装使用 Google GMS 服务且无法直接获得 Google 官方的 Android 系统更新，同时无法使用包括 Gmail、地图、YouTube、Play 商店等在内的各项应用与服务。也正是由于谷歌服务的缺失，导致华为手机在海外市场的销量遭受重大打击。2020 年 8 月 6 日，美国总统特朗普以“对美国国家安全构成威胁”为由签署行政令，称将在 45 天后禁止任何美国个人或实体与抖音海外版、微信及其中国母公司进行任何交易。2021 年 1 月，为遏制中国应用软件，美国总统特朗普签署行政令，禁止与支付宝等 8 款中国应用软件进行交易。

数字合作与数字冲突问题。数据资源利用具有显著的规模经济和网络效应，只有各国分工合作才能共同推动云计算、大数据、人工智能、区块链等技术和行业的快速发展，共同推进国际社会的数字化进程。然而，国家间的数字合作面临着诸多利益与制度制约，一些国家利用其数字技术的先发及垄断优势，试图阻碍其他国家的数字技术进步和数字产品开发，采取包括贸易战、技术战、金融战等在内的各种手段，破坏世界各国之间的数字合作，从而引发了一系列数字冲突问题。①

四、 开展数字生态合作的举措

中国作为负责任的网络大国，始终秉承开放合作、和谐包容、互利共赢的原则，与世界各国携手抓住机遇，共同应对挑战，推动共建发展繁荣的命运共同体。

加强数字领域国际合作。结合中国数字化发展经验，发挥数字技术优势，将“一带一路”数字化建设作为中国同沿线国家合作的重点领域，形

① 保建云：《世界各国面临数据与数字技术发展的新挑战》，《人民论坛》2022 年第 4 期。

成有中国特色的数字化国际发展合作倡议，开创中国参与和推动国际发展合作的新局面。在多边国际发展合作方面，进一步凝聚数字化领域国际发展合作共识，与国际组织开展实质性合作，主动维护和完善全球数字治理机制，与世界各国实现数字合作共赢。

延伸阅读

2017 年 12 月 3 日，在第四届世界互联网大会上，中国、埃及、老挝、沙特、塞尔维亚、泰国、土耳其、阿联酋等国家代表共同发起《“一带一路”数字经济国际合作倡议》，共提出 15 点倡议：①扩大宽带接入，提高宽带质量。②促进数字化转型。③促进电子商务合作。④支持互联网创业创新。⑤促进中小微企业发展。⑥加强数字化技能培训。⑦促进信息通信技术领域的投资。⑧推动城市间的数字经济合作。⑨提高数字包容性。⑩鼓励培育透明的数字经济政策。⑪推进国际标准化合作。⑫增强信心和信任。增强在线交易的可用性、完整性、保密性和可靠性。⑬鼓励促进合作并尊重自主发展道路。⑭鼓励共建和平、安全、开放、合作、有序的网络空间。⑮鼓励建立多层次交流机制。[①]

大力推进数字化应用。“大力推广，全面应用”是数字生态合作的关键一招，中国秉承“授人以渔，自主发展”的政策主张，[②] 坚持“需求导向”的基本原则，开展国际合作，通过培训、对口支援、科技帮扶、合作交流、搭建知识服务中心平台等多种方式把中国数字科技领域的发展经验和先进

① 《〈“一带一路”数字经济国际合作倡议〉发布》，中共中央网络安全和信息化委员会办公室网，http：//www. cac. gov. cn/2018 －05/11/c_1122775756. htm。

② 《〈新时代的中国国际发展合作〉白皮书》，中华人民共和国商务部网，http：//www. gov. cn/xinwen/2021 －01/10/content_5578615. htm。

技术分享给其他发展中国家，为发展中国家培养本土人才，增长发展中国家“自我造血”的能力，开展从技术研发到技工培训、再到产品推广的一站式应用。

强化数字合作风险意识。在开展数字领域的多边、双边合作过程中，一是要加强防范网络安全和数据安全等技术风险，增强自身网络信息安全的保障能力；二是要对当地的数字化相关政策、法律等开展风险评估，防止数据泄密以及商业机密失窃；三是要对当地数字化相关的政治、经济、文化等环境因素开展风险评估，预判可能产生的风险，提前予以规避。

第三节　让数字化发展成果更好地造福各国人民

一、 共享数字化发展成果

当前，互联网、人工智能、大数据等先进信息技术大力推进了数字产业化和产业数字化，数字技术与各行业深度融合，数字经济迅猛发展。数字经济的发展为各国共享数字红利提供新的机遇，与此同时，由于不同国家、地区数字化发展不平衡导致的全球数字鸿沟问题也日益凸显。全球发展倡议强调，要将增进人民福祉、实现人的全面发展作为出发点和落脚点，提升全球发展的公平性、有效性和包容性，不让任何一个国家掉队。①

① 《六个坚持，总书记提出全球发展倡议》，求是网，http：//www. qstheory. cn/zhuanqu/2021 - 09/23/c_1127891383. htm。

中国始终坚持以人民为中心的发展理念，把人民群众作为推动发展的主体，同时也把人民群众作为享有发展成果的主体。习近平主席强调："让更多国家和人民搭乘信息时代的快车、共享互联网发展成果。"①

延伸阅读

以人民为中心

中国正在积极推进网络建设，让互联网发展成果惠及十三亿中国人民。

——2014 年 11 月 19 日，习近平致首届世界互联网大会的贺词

网信事业要发展，必须贯彻以人民为中心的发展思想。要适应人民期待和需求，加快信息化服务普及，降低应用成本，为老百姓提供用得上、用得起、用得好的信息服务，让亿万人民在共享互联网发展成果上有更多获得感。

——2016 年 4 月 19 日，习近平在网络安全和信息化工作座谈会上的讲话

推动世界各国共同搭乘互联网和数字经济发展的快车

中共十九大制定了新时代中国特色社会主义的行动纲领和发展蓝图，提出要建设网络强国、数字中国、智慧社会，推动互联网、大数据、人工智能和实体经济深度融合，发展数字经济、共享经济，培育新增长点、形成新动能。中国数字经济发展将进入快车道。

——2017 年 12 月 3 日，习近平致第四届世界互联网大会的贺信

---

① 中共中央党史和文献研究院：《习近平关于网络强国论述摘编》，中央文献出版社 2021 年版，第 154 页。

提高全民全社会数字素养和技能，夯实我国数字经济发展社会基础

数字经济事关国家发展大局。我们要综合我国发展需要和可能，做好我国数字经济发展顶层设计和体制机制建设。加强形势研判，抓住机遇，赢得主动。各级领导干部要提高数字经济思维能力和专业素质，增强发展数字经济本领，强化安全意识，推动数字经济更好服务和融入新发展格局。要提高全民全社会数字素养和技能，夯实我国数字经济发展社会基础。

——2021 年 10 月 18 日，习近平在中共中央政治局第三十四次集体学习时的讲话

二、 国内外共享数字发展成果的措施

在国际方面，2019 年，联合国贸易与发展会议发布的《2019 年数字经济报告》指出，不同国家数字化程度差距仍趋于扩大，呼吁全球共同努力，缩小数字鸿沟，让更多人共享数字经济发展成果。该报告得到多国响应，各国纷纷加大数字技术在社会治理、文教卫生、生产经营等方面的创新探索，加快数字化转型，让更多人共享数字化发展成果。2015 年，国家发展和改革委员会、外交部、商务部联合发布《推动共建丝绸之路经济带和 21 世纪海上丝绸之路的愿景与行动》，提出要“提高国际通信互联互通水平，畅通信息丝绸之路”[①]。2017 年，在“一带一路”国际合作高峰论坛上，习近平总书记提出建设数字丝绸之路，有效促进了“一带一路”沿线国家的产业转型升级、结构调整优化，加快缩小数字鸿沟，激发了经济发展活力。

① 《推动共建丝绸之路经济带和 21 世纪海上丝绸之路的愿景与行动》，《人民日报》2015 年 3 月 29 日。

延伸阅读

多国加快数字技术创新应用 让更多人共享数字时代红利①

美国不断健全数字化农业体系，形成由美国农业部牵头，各州农业部门协同的数字化农业合作机制，通过建立一系列农业相关数据库，统筹数字化农业发展、农产品供需情况等数据，并借助卫星系统发布信息，实现数据共享，指导各州数字化农业建设。

新加坡资讯通信媒体发展局推出“数码乐龄计划”。一是组织1000名“数字大使”活跃在市场、咖啡店、食堂等公共场所，协助老年人学习使用二维码支付。二是设立了60个数字社区中心，帮助老年人掌握数字技能，使用电子政务服务。

瑞典哥德堡市的政府部门为老年人提供免费数字咨询服务，通过开通救助热线以便随时帮助在数字工具使用过程中遇到问题的老年人。

西班牙一家公司开发了老年人专属使用的视频通话App，该App省去烦琐的注册过程，只需输入姓名即可登录使用。目前，西班牙已有50家养老机构使用该软件。

面向国内，2021年，中央网络安全和信息化委员会印发《提升全民数字素养与技能行动纲要》，提出“要把提升全民数字素养与技能作为建设网络强国、数字中国的一项基础性、战略性、先导性工作，切实加强顶层设计、统筹协调和系统推进，促进全民共建共享数字化发展成果，推动经济

---

① 敬宜、方莹馨、林芮、姜波：《让老年人更好融入智慧社会（国际视点）》，《人民日报》2020年12月29日。

高质量发展、社会高效能治理、人民高品质生活、对外高水平开放”①。

三、 共享数字化发展成果面临的阻碍

随着全球数字化发展进程不断提速，国际宽带使用量持续增加，不同国家、地区、群体之间数字化发展不平衡问题日益突出。发展中国家在数字基础设施建设、数字技术使用以及数字资源的获取、处理和创造等方面远落后于发达国家，导致了严重的全球数字鸿沟问题，一定程度上打击了广大发展中国家开展、深化数字贸易合作与交流的积极性，成为人们公平参与数字社会、共享数字化发展成果的主要阻碍。

延伸阅读

《2021年数字经济报告（数据跨境流动和发展：数据为谁而流动?)》显示，发达国家与发展中国家在互联网接入、数据使用等方面的数字鸿沟不断加大。美国和中国作为数据利用率领先的国家，在5G普及率、技术创新领域科研人员、大规模数据中心、大型数字平台等方面具有绝对优势。在如今数据驱动数字经济的新形态之下，数据及其价值集中在个别大型数字平台及企业中，而不发达国家和地区由于无法对数据进行智能转化、产生数据价值，所以仅能成为数字平台的数据提供方，处于数字化发展的从属地位，为数字智能付费。

从分区域的互联网普及情况来看，截至2021年3月31日，北美地区互联网渗透率最高，达到93.9%；其次为欧洲地区，互联网渗透率为88.2%（如图5-1所示）。

---

① 《中央网络安全和信息化委员会印发〈提升全民数字素养与技能行动纲要〉》，中华人民共和国国家互联网信息办公室网，http：//www.cac.gov.cn/2021-11/05/c_1637708867331677.htm。

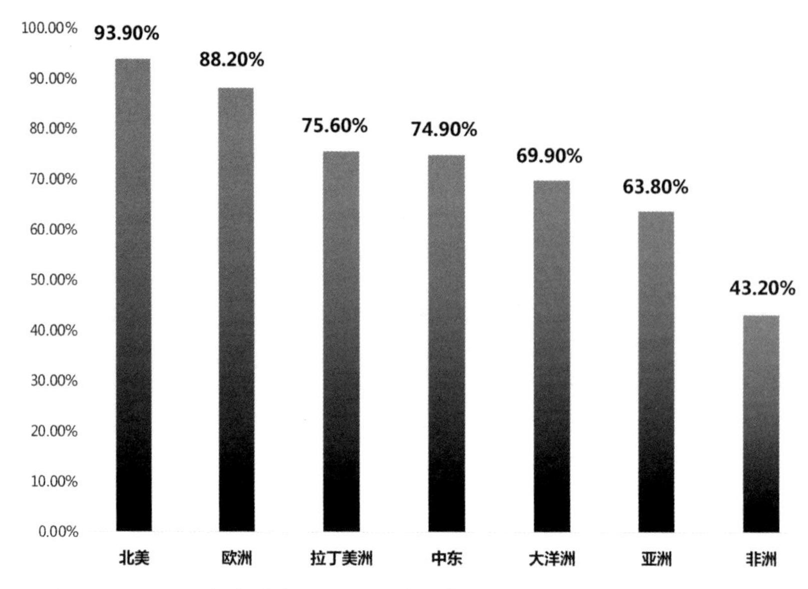

图 5-1　2021 年全球主要区域互联网渗透率/普及率情况（单位:%）

2021 年全球国家/地区互联网普及率排名（如图 5-2 所示）中，阿拉伯联合酋长国以 99.0% 的互联网普及率排名第 1 位；其次为丹麦，普及率为 98.1%；第三名为瑞典，普及率为 98.0%。中国香港以 92.0% 排名第 13 位；中国台湾以 90.0% 排名第 19 位；中国以 65.2% 排名第 40 位。（资料来源：IWS 前瞻产业研究院）

我国高度重视数字技术在经济社会各领域的应用，数字治理和数字经济的发展水平不断提高。但与此同时，受地区发展水平、教育发达程度、信息基础设施等因素影响，也出现了各类鸿沟现象，不同区域、不同社会群体在信息的掌握、拥有和使用能力方面差异较大，逐步出现了部分偏远山区、欠发达地区网络基础设施落后导致的“接入鸿沟”，老年、残疾、贫困等群体因文化水平、知识技能不足等原因导致的“技能鸿沟”，智能手机、电脑等信息终端与网络资费对于贫困人群负担较大导致的“收入鸿

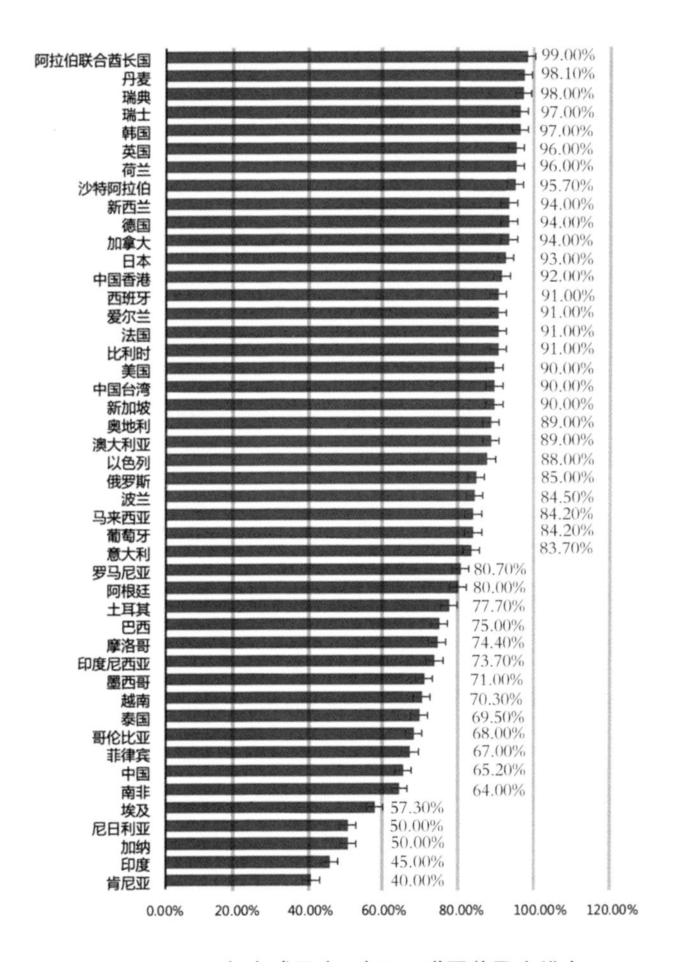

图 5－2　2021 年全球国家/地区互联网普及率排名

沟”，中老年人等群体因相关知识不足、防范意识薄弱导致的“认知鸿沟”等。随着信息社会向智能社会发展，数字鸿沟持续扩大将不可避免地产生“数字断层”问题，这将严重阻碍数字化成果普惠共享、实现全体人民共同富裕的实践进程。

四、 共享数字化发展成果的建议

全球数字化均衡普惠发展正面临日益加深的数字鸿沟所带来的挑战，

要想真正共享全球数字化发展成果，就需要世界各国在保障数据安全有序的基础上进一步推进 、开放、发展并分享数字经济、普惠金融、人工智能、智慧城市、电子商务……中国作为负责任的国家，应帮助广大发展中国家加快数字化发展，与世界各国携手缩小数字鸿沟，共享数字红利，推动国际网络空间实现平等尊重、共同发展、普惠共享和安全有序。

探索数字贸易规则体系。实现安全与发展的动态平衡，在数据跨境流动、隐私保护、代码开源等方面加快完善国内数字贸易基础法律制度，建立行业标准和监管机制，对标国际规则，积极与发展中国家开展跨境电商，共同增强跨境电商能力建设，并以此进一步共建国际合作园区、自贸试验区、经济示范区，引领发展中国家深度参与，在全球数字贸易的规则制定方面形成影响力，提出能够代表发展中国家利益和诉求的“中国方案”，同步增强在电子签证、在线消费者保护、原产地规则等条款制定上的国际竞争话语权。①

加大国际化专业数字人才供给。充分调动政府、企业和高校的主观能动性，打造产教融合、协同育人平台，大规模培养数字合作领域急需的各类复合型、国际化的专业高质量人才，为中国企业“走出去”提供更强大的人才支撑；打造多语种、智能化的网络培训服务平台，构建课程体系，开展各种形式的国际化培训，为各国尤其是为发展中国家培养高水平的亲华、友华的数字化人才，增强中国在全球的影响力。

延伸阅读

为落实“一带一路”倡议，持续为“丝路五通”培养工程科技人才，支撑“一带一路”沿线国家数字化发展，扩大文明对话，加强互学互鉴，

① 陈维涛：《全球数字贸易鸿沟的现状、成因与中国策略》，《南京社会科学》2022 年第 3 期。

2015年以来，西安交通大学在中国工程院、教育部的指导和支持下，联合行业龙头企业，针对“一带一路”沿线国家在ICT、能源、化工等领域急需人才的状况，组织了一支330人的项目管理、技术研发、资源建设、服务保障团队，经过7年的探索，创建了政府引导、高校主导、企业辅导“三位一体”的丝路人才培养新模式、新平台，取得了4个成效和特色：①创办了联合国教科文组织（UNESCO）国际工程科技知识中心（IKCEST）丝路培训基地。②组建了一支由院士、长江学者、杰出青年及企业工程师组成的300余名师资团队，开设了人工智能、能源化工、健康医疗等30个专题243门课程。③建立了在线培训资源库，组织专家采编了“一带一路”沿线国家国情咨文、历史文化、政策法规、工业经济、科技教育、人口环境6大特色数据库820万条文献资源；整合了MOOC中国等在线教育平台的500余门在线课程。④打造“一带一路”工程科技人才培养平台，形成了一套线上线下、国内国外结合的培训体系，除了在西安交通大学建立丝路培训基地，还在泰国、俄罗斯、乌兹别克斯坦、吉尔吉斯斯坦建立了4个境外培训基地。截至2022年，已累计为115个国家和地区培训4.6万余名工程技术人员，其中面授培训82期7306名学员，有效增强了面向“一带一路”人才培养的全纳性和韧性，开创了我国面向“一带一路”沿线国家人才培养的新局面。

共建数字丝绸之路。数字丝绸之路的建设旨在与世界各国共享数字发展成果，弥合数字鸿沟。中国要积极参与共建发展中国家网络带宽、数据中心、网络基站等数字基础设施建设，推动通信、电网、交通、水利等传统基础设施的数字化改造，使中国的成功建设经验普惠广大发展中国家；同时，借助中欧班列推动在“一带一路”沿线国家大力发展跨境电子商务，推动当地物流业发展，与当地积极开展数字金融合作。

着眼国内数字发展成果高质量开放共享。将数字化服务普惠到教育、医疗、养老、抚幼、就业、文体、助残等重点领域，实现便捷服务；以数字化创新城乡发展和治理模式，实现分级分类推进新型智慧城市建设；构建覆盖全民、城乡融合、公平一致、可持续、有韧性的数字素养与技能发展培育体系，提升全民数字素养与技能，让全国人民共享数字化发展成果。①

① 洪大用：《实践自觉与中国式现代化的社会学研究》，《中国社会科学》2021 年第 12 期。

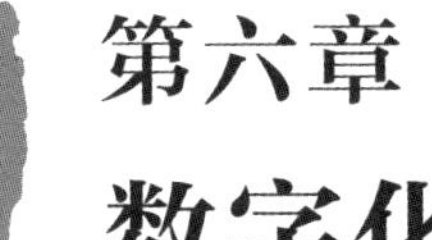

第六章 数字化应用典型场景的实践探索

本章将面向能源制造、民生应用、政府服务三大领域，从内涵与特征、架构与方案、应用案例以及未来展望等方面，展现能源、制造、农业、交通、教育、医疗、文旅、社区、家居、政务等十个典型数字应用场景，通过这些具体应用展现我国在产业数字化转型升级和提高政府效能方面的数字生态建设成效。

场景一：智慧能源

一、 内涵与特征

智慧能源是指将5G、物联网、互联网、人工智能等新一代信息技术深度应用到现代能源的生产、储运、消费等各环节，并通过大数据、云计算为能源行业提供更加开放、共享的能源信息平台，提高能源生产和利用效率，实现能源的优化决策及广域协调。

智慧能源的基本特征：一是强调信息化技术手段，结合现代化智能感知设备，并深度应用到能源领域；二是强调过程智能化，在能源产、储、运、用等方面注入更多智能化元素，为所有相关方提供更多的便利；三是强调目的多样化，以更低的成本、更高的效率、更少的污染，确保能源的经济性、高效性和环保性；四是强调能源运行整体性，借助数字化、网络化、智能化手段，实现智慧能源系统中能源流和信息流的流通和交互，形成整体能源系统全景图。

国家在智慧能源方面出台了系列政策，如表6-1所示。党的十八大以来，以习近平同志为核心的党中央深刻把握世界能源格局新变化，将智慧能源确立为中国能源再革命的核心主题。在《中华人民共和国国民经济和社会发展第十三个五年规划纲要》中提出“加快推进能源全领域、全环节智慧化发展”，“十四五”规划纲要将智慧能源作为专题列入数字化应用场景，这体现了国家搭建智慧能源完整体系架构的深远谋划与战略决心。

表 6－1　近年来国家在智慧能源方面的主要政策

发文时间	发文单位	发文名称	主要内容
2016 年 2 月	国家发展和改革委员会等三部门	《关于推进“互联网＋”智慧能源发展的指导意见》	以改革创新为核心，以“互联网＋”为手段，以智能化为基础，紧紧围绕构建绿色低碳、安全高效的现代能源体系，促进能源和信息深度融合，推动能源互联网新技术、新模式和新业态发展，推动能源领域供给侧结构性改革
2018 年 3 月	国家能源局	《2018 年能源工作指导意见》	扎实推进“互联网＋”智慧能源（能源互联网）、多能互补集成优化、新能源微电网、并网型微电网、储能技术试点等示范项目建设，在试点基础上积极推广应用
2020 年 6 月	国家能源局	《2020 年能源工作指导意见》	推进长三角、粤港澳大湾区、深圳社会主义先行示范区、海南自贸区（港）等区域智能电网建设；加强充电基础设施建设，提升新能源汽车充电保障能力
2020 年 3 月	国家发展和改革委员会等八部委	《关于加快煤矿智能化发展的指导意见》	到 2021 年，建成多种类型、不同模式的智能化示范煤矿；到 2025 年，大型煤矿和灾害严重煤矿基本实现智能化，形成煤矿智能化建设技术规范与标准体系；到 2035 年，各类煤矿基本实现智能化，构建多产业链、多系统集成的煤矿智能化系统
2020 年 9 月	国家能源局、国家标准化管理委员会	《关于加快能源领域新型标准体系建设的指导意见》	在智慧能源等新兴领域，率先推进新型标准体系建设，发挥示范带动作用；稳妥推进电力、煤炭、油气及电工装备等传统领域标准体系优化，做好现行标准体系及标准化管理机制与新型体系机制的衔接和过渡

续 表

发文时间	发文单位	发文名称	主要内容
2021 年 4 月	国家能源局	《2021 年能源工作指导意见》	加快推广供需互动用电系统，适应高比例可再生能源、电动汽车等多元化接入需求；持续推进粤港澳大湾区、深圳社会主义先行示范区、长三角一体化等区域智能电网建设
2021 年 6 月	国家发展改革委员会等四部委	《能源领域 5G 应用实施方案》	推动条件好的煤矿率先展开 5G 应用，按照需求导向部署 5G 网络；推动 5G 网络与原有工业网络的融合，形成信息网络与生产控制网络的融合部署模式
2022 年 3 月	国家能源局	《2022 年能源工作指导意见》	统筹能源安全和绿色低碳转型，全面实施“十四五”规划，深入落实碳达峰行动方案，以科技创新和体制机制改革为动力，着力提升能源供给弹性和韧性，着力壮大清洁能源产业，着力提升能源产业链现代化水平，加快建设能源强国，以优异成绩迎接党的二十大胜利召开
2022 年 5 月	国家发展和改革委员会、国家能源局	《关于促进新时代新能源高质量发展实施方案》	加快推进以沙漠、戈壁、荒漠地区为重点的大型风电光伏基地建设；促进新能源开发利用与乡村振兴融合发展；推动新能源在工业和建筑领域应用；引导全社会消费新能源等绿色电力；推进科技创新与产业升级；保障产业链、供应链安全；提高新能源产业国际化水平

二、 生态构建与解决方案

能源发展正处于重要的转型机遇期。国际上，为应对气候变化，很多国家大力推动绿色经济和低碳发展，能源问题是这些国家在应对气候变化时要着重解决的问题。在我国，经济发展方式转变需要能源发展方式转变，亟须通过发展智慧能源来推动能源供应与能源消费的根本性转变，当前正是处于能源发展方式转变的重要机遇期。

在转型发展的重要机遇期，构建业务流和数据流双融合的完整智慧能源生态体系，能有效应对面临的问题和挑战，促进行业高质量发展。智慧能源在供给侧和消费侧建立强耦合的纽带，通过共建共享构筑能源生态圈，包括煤电、核电、新能源、石油、天然气等能源企业以及高科技信息化技术企业、设备制造企业、咨询机构、工程建设企业、运输服务企业、能源交易中心等。将分散的业态通过能源流、信息流、价值流“三流合一”，形成多方互利共赢的良好生态，如图6－1所示。

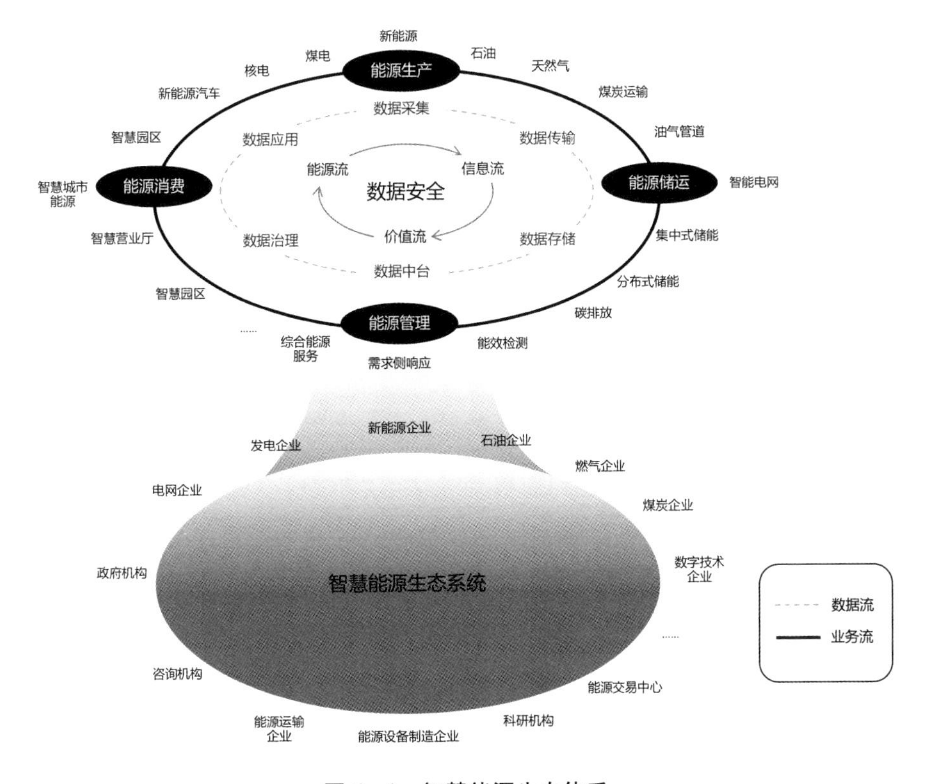

图6－1　智慧能源生态体系

智慧能源建设需要以制度和安全体系保障为基础，通过物联网、人工智能、云计算、大数据等新一代信息技术与能源技术深度融合，实现能源生产、存储、运输和消费的数字化、网络化和智能化，推动能源行业的高效高质量发展。智慧能源建设体系如图6－2所示。

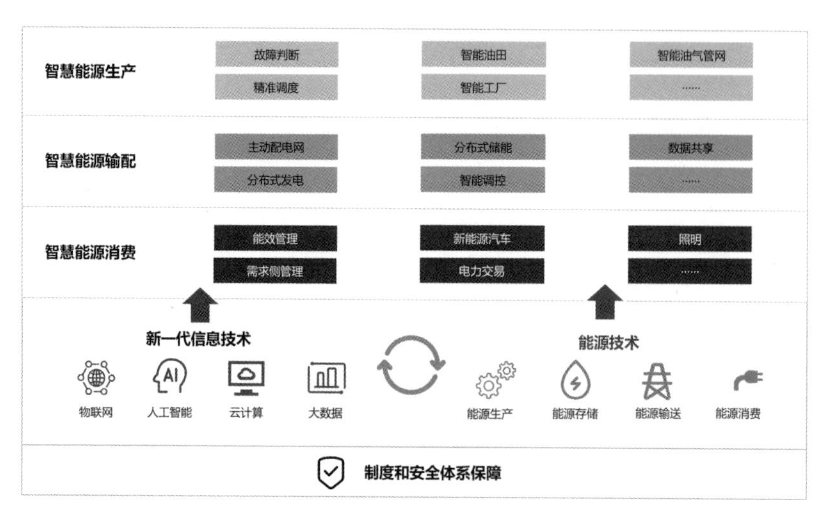

图6-2　智慧能源建设体系

三、应用案例

福建省龙岩市国网龙岩供电公司集团智慧电网项目

智慧电网是指应用5G、移动互联网、人工智能等现代信息技术，通过对用电网络和设备24小时不间断地实时监控和诊断，确保配用电系统安全可靠地运行，实现电力系统各环节、各设备的互联互通以及人机之间智能交互的现代化智慧服务系统。福建省龙岩市基于“5G网络+网络切片+边缘计算”能力构建5G专网和平台环境，搭建移动边缘计算服务器，打造典型应用场景，包括运用无人机对输电线路进行智能巡检、运用机器人对变电站进行智能巡检，对配电房实施视频综合监视等，提供电力“云管端”等智慧一体化的行业解决方案，确保电力业务在发电、输电、变电、配电、用电等相关环节的安全、可靠和灵活性，实现服务保障差异化，强化电力企业的自主可控能力，促使智能电网技术取得更大突破，打造可复制的智慧电网样板工程并逐步推广（如图6-3所示）。

通过5G、大数据、AI等技术赋能电网，实现了电网的智能分布式配

图6-3　智慧电网

电、变电站作业监护及电网态势感知、削峰填谷供电、高级计量以及无人机、机器人等“机器代人”巡检类业务等新应用的运用，改善了作业人员工作环境，提高了生产管理效率和安全水平，形成可复制可推广的智能电网生产样板，产生了极大的经济效益和社会效益。

四、 未来展望

随着5G、移动互联网、大数据、云网融合、云边端协同计算、区块链、人工智能和可再生能源等技术的不断创新发展，运用这些先进技术对现有石油、煤炭、天然气的开采、加工、存储、运输和利用的全链条进行改造，可实现化石能源绿色、清洁、高效、智能化生产和能源高效梯级利用与深度调峰，将进一步推动能源的智慧化升级，以新能源和高科技的深度融合为特征，有力提升能源网络的整体能效，构建全球能源互联、绿色低碳、高度共享的智慧能源共同体和全新的能源体系。

场景二：智能制造

一、内涵与特征

《智能制造发展规划（2016—2020年）》指出，智能制造是基于新一代信息技术与先进制造技术深度融合，贯穿于设计、生产、管理、服务等制造活动各个环节，具有自感知、自决策、自执行、自适应、自学习等特征，旨在提高制造业质量、效益和核心竞争力的先进生产方式。

智能制造的内涵和特征是融合了信息与通信技术、人工智能技术、自动化技术、现代企业管理技术等几大领域技术的全新制造模式，实现了企业的生产模式、运营模式、决策模式和商业模式的创新，是整个制造生态的智能化。根据生成流程也可以归纳为产品智能化、服务智能化、生产智能化和管理智能化。

近几年，国家在智能制造领域制定的主要政策和指导意见如表6－2所示。

表6－2　近年来国家在智能制造方面的主要政策

发文时间	发文单位	发文名称	主要内容
2015年5月	国务院	《中国制造2025》	提出实现制造强国的战略任务和重点之一是要推进信息化和工业化的深度融合，要把智能制造作为两化深度融合的主攻方向

续 表

发文时间	发文单位	发文名称	主要内容
2016 年 12 月	工业和信息化部、财政部	《智能制造发展规划(2016—2020 年)》	智能制造发展“两步走”战略：第一步，到 2020 年，智能制造发展基础和支撑能力明显增强，传统制造业重点领域基本实现数字化制造，有条件、有基础的重点产业智能转型取得明显进展；第二步，到 2025 年，智能制造支撑体系基本建立，重点产业初步实现智能转型
2017 年 11 月	国务院	《关于深化“互联网 + 先进制造业”发展工业互联网指导意见》	要加快建设和发展工业互联网，推动互联网、大数据、人工智能和实体经济深度融合，发展先进制造业，支持传统产业优化升级；到 2025 年，覆盖各地区、各行业的工业互联网网络基础设施基本建成，基本形成具备国际竞争力的基础设施系统
2020 年 7 月	国家标准化管理委员会等五部门	《新一代人工智能标准体系建设指南》	到 2023 年，初步建立人工智能标准体系，重点研究数据、算法等标准，并在制造等领域应用推广
2021 年 11 月	工业和信息化部	《国家智能制造标准体系建设指南(2021 版)》	坚定不移实施制造强国战略，加强标准工作顶层设计，增加标准有效供给，强化标准应用实施，统筹推进国内国际标准化工作，持续完善国家智能制造标准体系，指导建设各细分行业智能制造标准体系，切实发挥好标准对于智能制造的支撑和引领作用
2021 年 12 月	工业和信息化部等八部门	《“十四五”智能制造发展规划》	到 2025 年，规模以上制造业企业大部分实现数字化、网络化，重点行业骨干企业初步应用智能化；到 2035 年，规模以上制造业企业全面普及数字化网络化，重点行业骨干企业基本实现智能化

二、 生态构建与解决方案

智能制造是一个长期的过程，要注重产业生态的整体发展，发挥政府、企业以及研究机构多方的作用，实现高质量、绿色化的发展路径。可从政策支持、社会环境、经济形势和技术赋能四个方面来看待智能制造领域面临的机遇，如图 6 - 4 所示。

智能制造以网络、数据和安全作为基础，通过工业软件、信息化平台、

P 政策支持

- 政策扶持利好行业发展，政府出台了一些列政策和文件支持智能化建设
- 政策与文件："十四五"规划纲要、《"十四五"智能制造发展规划》、《中国制造2025》、《智能制造试点示范项目推荐的通知》及各类指南
- 国家和地方政府的资金支持：智能制造专项，试点示范项目，给予补贴

E 经济形势

- 人口红利减少，消费结构升级促进制造业转型
- 劳动力成本持续上升，劳动力人口比例不断下降，倒逼企业加快自动化改造
- 消费结构升级：用户需求日趋多样化、定制化，消费群体庞大而多样
- 创新创业风潮的兴起，带来更大产业冲击

S 社会环境

- 社会绿色环保呼声与绿色发展健康消费理念转变，工业占比减少促进传统制造行业转型
- 生产方式趋向智能化、网络化，企业组织走向扁平化、虚拟化
- 民众对制造企业绿色环保的期待及企业社会责任的认可

T 技术赋能

- 中国智能制造技术研发虽然起步晚但发展快
- 国家对智能制造技术研发投入力度大，新技术应用正在加速
- 智能制造装备产业体系已形成，大数据、人工智能、数字孪生、边缘计算、5G等技术日趋成熟
- 基于工业场景的智能化技术应用成熟案例越来越多

图6－4　智能制造政治经济环境分析

智能设备和各种技术赋能，帮助企业实现人员、机器、原料、方法、环境全制造过程和设计、生产、仓储、物流、产品和服务全价值链的泛在连接。基于大数据和云计算，实现海量工业数据的存储、计算、管理和决策，帮助企业降本增效，提高制造业整体竞争力。智能制造的体系框架如图6－5所示。

图6－5　智能制造体系框架

三、应用案例

深圳创维引领家电行业智能制造

创维在家电行业的智能制造走在行业前列，在转型中也发现了以下三个痛点。

一是家电产品种类较多，产品迭代快，难以满足柔性化生产需求；二是全球跨区域工厂关键制造过程欠缺质量管控；三是人才培养周期长，高精尖设备运维难度大；四是传统物流需向物流智能化转型。

总体规划设计秉承“一张5G融合网络、一个工业互联网平台、四大智能应用落地”的建设思路。

一是建设5G融合网络，提供低时延数据转发和边缘云存储、计算能力，为工厂提供“工业互联网+企业私有云+边缘云融合”的整体网络基础架构；二是建设数字化制造系统平台对下连接设备、物料、产品，对上连接工业软件应用系统；三是落地四大智能应用，打造智能视觉检测、柔性生产、智能物流、智能远程运维等各种应用。

应用一：融合网络支持柔性生产

网络全覆盖，最大程度支持工业生产环节的云边协同，解决工厂哑巴设备、孤岛设备问题，实现柔性化生产（如图6-6所示）。

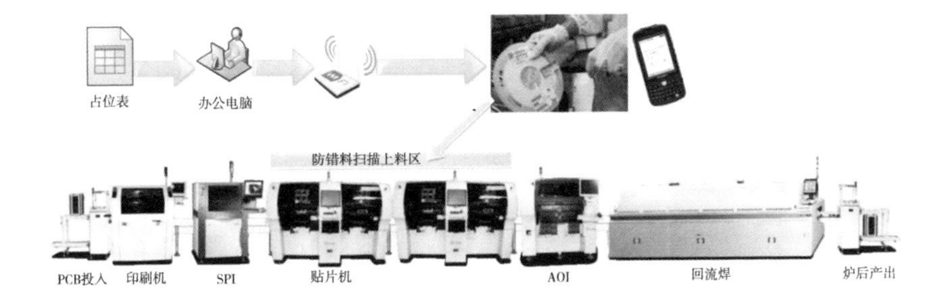

图6-6　创维柔性生产

应用二：智慧远程运维部署

融合应用“5G+VR+8K+AR”技术，对车间全场景实时交互管控，实现多基地360度低时延全场景监控和VR/AR沉浸式教学指导（如图6-7所示）。

图6-7　智慧远程运维

掌握核心技术，自研数字化平台拥有专利29件，其中智能视觉检测已拥有自主研发知识产权181台视觉检测设备。

企业内部降本增效显著，其中，“5G+AI”车间的智能视觉检测已实现经济效益2827.16万元，预计累计经济效益超3亿元，如表6-3所示。

表6-3　创维降本增效实施成效

指标	传统制造	智能制造
单线自动化在线检测率	10%	80%
检测工序作业节拍	15秒/台	3秒/台
人均产出效率	—	提高17%
效率	—	提升26%
停产时间	—	下降5%

四、未来展望

受益于政策红利，智能制造业将获得大力发展，形成完善的智能制造产业体系，在核心技术系统集成发力，构建适应智能制造发展的标准体系和人力培养点机制。同时注重绿色发展、高端发展以及服务型模式发展。

推动数字化生态建设需要政府在顶层设计和战略层面发挥重要的引导作用，企业要充分利用资源，积极参与其中。在智能制造领域发展领先的企业带动落后的企业，以“产学研政”多方联动的方式推动成果转化和创新，进一步推进制造业的数字化转型升级。

场景三：智慧农业

习近平总书记高度重视农业现代化，指出“没有农业农村现代化，就没有整个国家现代化”[①]。我国农业在从“传统农业”向“现代农业”的转变进程中，随着机械化与信息化的快速发展、全球数字化转型浪潮大步迈进“智慧化”时代。

一、内涵与特征

智慧农业是数字经济崛起驱动形成的农业现代化发展新模式，即将3S（遥感技术、地理信息系统、定位系统的统称）、物联网、云计算、大数据、人工智能、5G等现代信息技术与农业深度融合，使农业具备信息化、数字化、网络化、智能化等特征，以实时感知、科学决策、精准投入、智能控制等实现智慧化农业生产、经营、管理、服务。

智慧农业以降本提效增收、减少劳动力依赖、改善生态环境、持续高质生产为目标，肩负解决农业领域问题、推进农业产业振兴等重要使命。

---

① 习近平：《把乡村振兴战略作为新时代“三农”工作总抓手》，《求是》2019年第11期。

其基本特征有：（1）农业发展高级阶段，是需要综合运用多学科知识、多专业技术的系统工程；（2）对农业全产业链的升级与重构，贯穿农业生产、加工、仓储、销售等全环节；（3）智慧生产是核心，智慧产业链为实现智慧生产提供有力支撑。

“民族要复兴，乡村必振兴。”党的十八大以来，习近平总书记坚持把解决好“三农”问题作为全党工作的重中之重。① 特别是近年来，极端气候、地缘冲突等令国家粮食安全备受考验。“中国人的饭碗任何时候都要牢牢端在自己手中”②，党中央、国务院高度重视智慧发展农业，自2016年起每年通过“中央一号文件”明确工作方向，并不断出台指导文件和扶持政策，如表6－4所示。

表6－4　近年来国家在智慧农业方面的主要政策

发文时间	发文单位	发文名称	发文内容
2019年5月	中共中央办公厅、国务院办公厅	《数字乡村发展战略纲要》	明确“数字乡村既是乡村振兴的战略方向，也是建设数字中国的重要内容”； 提出10项重点任务
2020年1月	农业农村部、中共中央网络安全和信息化委员会办公室	《数字农业农村发展规划（2019—2025年）》	提出“到2025年，数字农业农村建设取得重要进展”的目标； 明确“农业数字经济占农业增加值比重”等指标
2020年10月	中共中央	《中共中央关于制定国民经济和社会发展第十四个五年规划和二〇三五年远景目标的建议》	明确“十四五”时期“三农”工作的主题主线，即“优先发展农业农村，全面推进乡村振兴”
2021年4月	农业农村部办公厅、财政部办公厅	《2021—2023年农机购置补贴实施指导意见》	鼓励智能农机推广应用

① 习近平：《坚持把解决好“三农”问题作为全党工作重中之重 举全党全社会之力推动乡村振兴》，《求是》2022年第7期。

② 《习近平：中国人的饭碗任何时候都要牢牢端在自己手中》，党建网，http：//images1.wenming.cn/web_djw/shouye/dangjianyaowen/202205/t20220524_6386851.shtml。

续 表

发文时间	发文单位	发文名称	发文内容
2021 年 7 月	中共中央网络安全和信息化委员会办公室等七部委	《数字乡村建设指南 1.0》	指出数字乡村建设主战场在县域；提出数字乡村参考架构及 5 类应用场景建议
2022 年 1 月	中共中央网络安全和信息化委员会办公室等十部委	《数字乡村发展行动计划（2022—2025 年）》	部署“智慧农业创新发展行动”等 8 项重点任务
2022 年 1 月	农业农村部	《“十四五”全国农业机械化发展规划》	倡导机械化与信息化、智能化融合发展； 鼓励开展智能农机装备、农业机器人研究
2022 年 2 月	农业农村部	《“十四五”全国农业农村信息化发展规划》	“十四五”时期农业农村信息化工作的依据
2022 年 5 月	中共中央办公厅、国务院办公厅	《乡村建设行动实施方案》	布置“实施数字乡村建设发展工程”等重点任务

二、 生态构建与解决方案

《数字农业农村发展规划（2019—2025 年）》指出，“我国农业进入高质量发展新阶段，乡村振兴战略深入实施，农业农村加快转变发展方式、优化发展结构、转换增长动力”，智慧农业迎来广阔空间。在消费端，我国经济持续稳步增长，升级趋势明显，越来越多的消费者对农产品提出个性化、品牌化、品质化、体验式等新要求；在供给侧，农产品通常同质化严重，拼价格几乎成为唯一竞争手段。将信息技术应用于农业生产，引导农产品向高质、特色、绿色方向发展，将有效提升农产品竞争力与价格。此外，在过去的信息化建设中，不少企业都遇到投资不菲但收益有限的情况，导致其信息化投入意愿降低。对此，促使企业单点信息化向农业产业数字化演进，推进产业链、供应链协同共享，将催生新的商业模式与价值空间。

在面临重大发展机遇的同时，智慧农业也存在起步较晚、基础薄弱、烟囱林立、参差不齐等问题。一是我国农民文化水平普遍偏低。根据第三次全国农业普查数据，截至2017年，我国农业经营人员受教育程度在初中及以下占比高达91.8%，[①] 比同期全国整体水平高22.15%。[②] 农业从业者现代化生产管理意识淡薄，对信息技术了解少、掌握慢，严重影响智慧农业启动与建设。二是我国丘陵山区多，地形复杂、田块细碎等制约机械化推广。2019年，丘陵山区农作物耕种综合机械化率仅为48%，比全国平均水平低22%。[③] 三是我国种植、养殖细分领域多、规模小而分散，对农机装备、技术手段等的需求多样繁杂，且系统平台多各自为政、条块分割，形成信息孤岛。四是我国经济发展水平不均衡，不仅东西差异大，省际甚至省内也存在不小差距，导致各地信息化程度不一，影响产业整体信息化水平的统一。

智慧农业产业链长、覆盖面广，贯穿生产前、中、后多环节，包含感知、传输、平台、应用、用户等多层级。其中，感知层厂商以提供传感器、射频信号识别（RFID）、3S等硬件和技术为主，实现数据采集；传输层厂商通过搭建通信网络实现数据传输；平台层厂商主要完成数据资源供应、数据分析处理等工作；应用层厂商面向各种场景及需求，提供农资/农产品交易、追溯/溯源、无人机植保、农机无人驾驶、信息化管理等服务（如图6－8所示）。

在智慧农业建设中，顶层设计、整体规划、能力复用、开放共享等至关重要。目前，成熟的智慧农业建设方案多包含基础设施层、平台能力层、

① 《第三次全国农业普查主要数据公报（第五号）》，国家统计局网，http：//www.stats.gov.cn/tjsj/tjgb/nypcgb/qgnypcgb/201712/t20171215_1563599.html。

② 《2010年第六次全国人口普查主要数据公报（第1号）》，国家统计局网，http：//www.stats.gov.cn/tjsj/tjgb/rkpcgb/qgrkpcgb/201104/t20110428_30327.html。

③ 张桃林：《为打赢脱贫攻坚战和补上全面小康“三农”短板提供有力机械化支撑》，《农村工作通讯》2020年第18期。

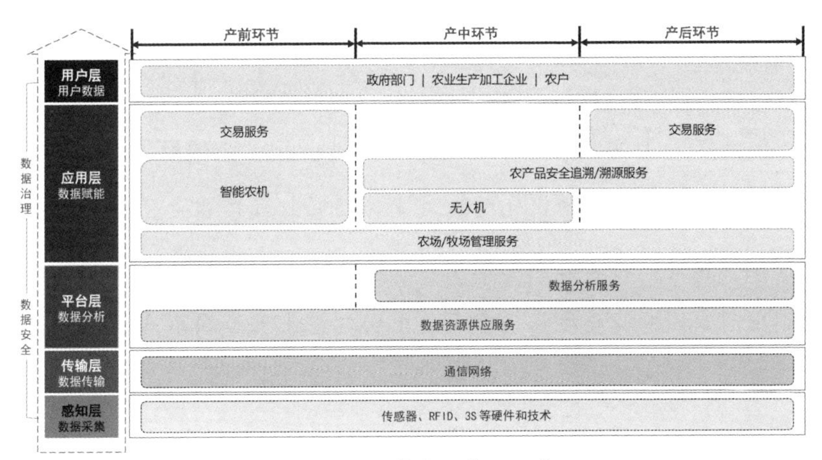

图 6-8　智慧农业产业图谱

应用服务层及统一规范体系和安全保障体系，并通过统一门户实现产品交付与生态接入。其中，基础设施层以 5G、云计算、物联网等构建起云网底座，平台能力层以技术中台、数据中台、运营中台为核心沉淀通用、专属能力，打造共享能力，进而向上赋能面向种植业、畜牧业、渔业、种业以及融合新业态等的应用服务。智慧农业的整体架构如图 6-9 所示。

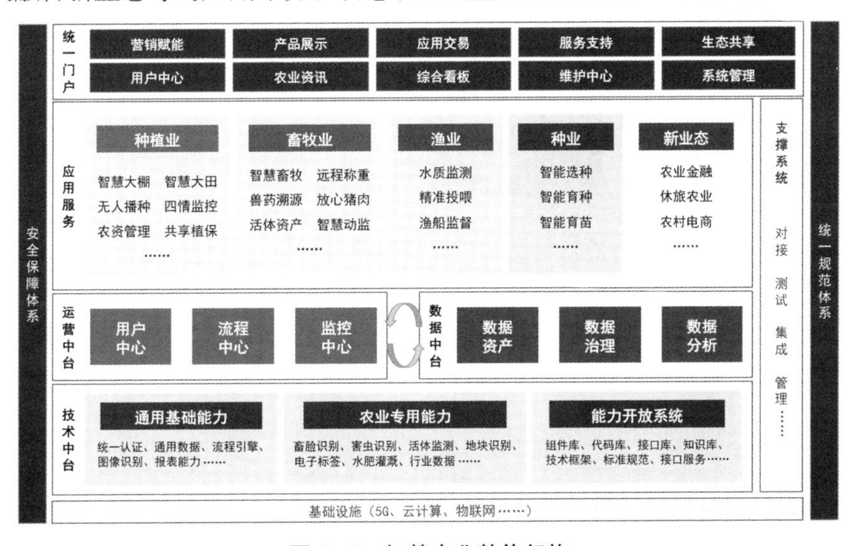

图 6-9　智慧农业整体架构

三、应用案例

上海清美5G+智慧农业数字大田示范项目

作为农业大国，人均耕地面积减少等因素让我国粮食供需关系趋于紧张，对粮食安全和社会稳定造成威胁。提高粮食产量质量、推动耕地高效合理利用对我国农业发展意义重大。中国电信上海公司联合上海清美绿色食品（集团）有限公司、武汉大学，共同组成“产学研”技术团队，对上海市浦东新区宣桥镇腰路村的水稻种植示范区实施数字化管理。

上海清美5G+智慧农业数字管理平台基于5G+MEC（边缘计算）技术，结合人工智能与智联设备等搭建，集多源观测数据采集、人工智能系统自主分析、农业数字孪生系统设计、智能决策系统等于一体，通过“无人化”精准控制，使水肥光热利用达到最佳，不仅确保农产品高质安全，也有效改善生态环境，进一步促进农产品产量提高（如图6-10所示）。

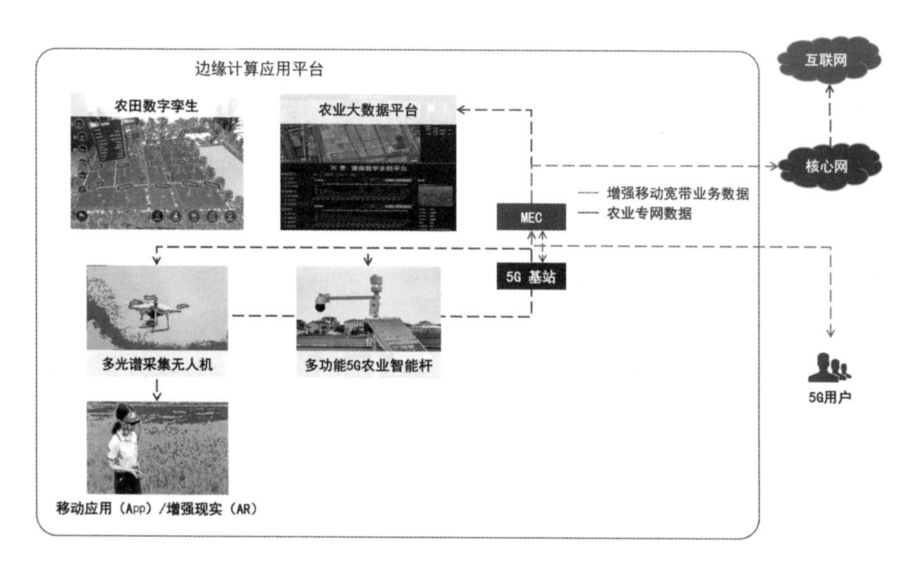

图6-10 上海清美5G+智慧农业

项目实施后，每万亩仅需1人管理，人工成本大幅减少；预计可节水10%~35%，减少氮肥施用量10%~30%，增产5%~20%。经济效益上，按上海市水稻种植面积155.5万亩，水稻均价2.6元/公斤计算，一季水稻可增产62200吨，节肥14306吨，增收16172万元。社会效益上，通过氮肥减施、精准施肥、水肥一体化等有效“降碳”，助力“双碳”目标实现。

四、 未来展望

当前，受成本高昂、提效有限等制约，普及智慧农业，特别是走进小规模农户，难度很大。对此，应加强技术引领、提升数据价值、打造产业生态，实现真正降本增效、提质增收，带给农民实质利好。

随着数字中国建设加速、数据体系日益健全、信息技术持续革新，智慧农业发展将愈加蓬勃。未来，数字技术将持续提供动能并从产中向产前、产后延伸；跨界企业将更加积极地涌入农业领域，丰富数字新业态，助推农业新发展。

场景四： 智能交通

一、 内涵与特征

根据国家标准定义，智能交通系统（intelligent transportation systems，ITS）是在较完善的交通基础设施之上，在先进的信息、通信、计算机、自动控制和系统集成等技术前提下，通过先进的交通信息采集与融合技术、交通对象交互以及智能化交通控制与管理等专有技术，加强载运工具、载体和用户之间的联系，提高交通系统的运行效率，减少交通事故，降低环境污染，从而建立一个高效、便捷、安全、环保、舒适的综合交通运输体系。①

随着信息社会不断进步，人工智能、云计算、大数据、物联网等新兴数字技术快速发展，业务逐渐深度融合，智能交通也在不断发展。基于现阶段发展，智能交通具有以下具体特征。

一是多种技术深度融合。智能交通通过新一代信息技术等多种先进技术与交通运输深度融合，从而实现智能化综合交通运输体系的构建。

二是交通系统智能网联。以交通运输系统信息化为基础，实现交通运输系统感知能力全域覆盖、区域大规模联网联控、交通对象智能化交互协同，使交通运输系统能够实现智能化分析决策、运行管控。

三是交通管控全局协同。智能交通强调包括人、车、路等在内的所有交通要素的一体化协同，从全局系统最优角度，实现交通运输系统智能化协同运行、交通要素统一调度管控，从而提升交通运输系统的安全性、高效性、环保性。

四是提供定制交通服务。智能交通系统具有丰富的交通信息数据和强大的数据分析能力，交通体系多模式融合，交通系统智能化发展，智能交通系统能够更好满足用户需求，并提供定制化服务。

我国大力推动交通运输系统智能化发展，相关政策频出，为智能交通发展提供了重要政策性指导（如表6－5所示）。《交通强国建设纲要》提出，要“构建安全、便捷、高效、绿色、经济的现代化综合交通体系”，“到2035年，基本建成交通强国”，“智能、平安、绿色、共享交通发展水平明显提高”②。“十四五”规划纲要中提出营造良好数字生态，指出智能

① 全国智能运输系统标准化技术委员会：《智能运输系统 通用术语》，交通运输标准化信息平台，http：//jtst. mot. gov. cn/gb/search/gbDetailed? id = 3e5edc1c002e638527e3ea2138060feb。

② 中共中央、国务院：《交通强国建设纲要》，中华人民共和国中央人民政府网，http：//www. gov. cn/zhengce/2019－09/19/content_5431432. htm。

交通是数字化应用场景之一。[①]

表 6-5 近年来国家在智能交通方面的主要政策

发文时间	发文单位	发文名称	相关内容
2019 年 7 月	交通运输部	《数字交通发展规划纲要》	促进先进信息技术与交通运输深度融合，以“数据链”为主线，构建数字化的采集体系、网络化的传输体系和智能化的应用体系，加快交通运输信息化向数字化、网络化、智能化发展，为交通强国建设提供支撑
2019 年 9 月	中共中央、国务院	《交通强国建设纲要》	推动大数据、互联网、人工智能、区块链、超级计算等新技术与交通行业深度融合。推进数据资源赋能交通发展，加速交通基础设施网、运输服务网、能源网与信息网络融合发展，构建泛在先进的交通信息基础设施。构建综合交通大数据中心体系，深化交通公共服务和电子政务发展。推进北斗卫星导航系统应用
2020 年 8 月	交通运输部	《交通运输部关于推动交通运输领域新型基础设施建设的指导意见》	到 2035 年，“泛在感知设施、先进传输网络、北斗时空信息服务在交通运输行业深度覆盖，行业数据中心和网络安全体系基本建立，智能列车、自动驾驶汽车、智能船舶等逐步应用”
2021 年 2 月	中共中央、国务院	《国家综合立体交通网规划纲要》	到 2035 年，基本建成便捷顺畅、经济高效、绿色集约、智能先进、安全可靠的现代化高质量国家综合立体交通网
2021 年 12 月	交通运输部	《数字交通“十四五”发展规划》	到 2025 年，“交通设施数字感知、信息网络广泛覆盖、运输服务便捷智能、行业治理在线协同、技术应用创新活跃、网络安全保障有力”的数字交通体系深入推进
2022 年 1 月	国务院	《“十四五”现代综合交通运输体系发展规划》	构建泛在互联、柔性协同、具有全球竞争力的智能交通系统，加强科技自立自强，夯实创新发展基础，增强综合交通运输发展新动能
2022 年 3 月	交通运输部、科学技术部	《交通领域科技创新中长期发展规划纲要（2021—2035 年）》	强化交通运输专业软件和专用系统研发；加速新一代信息技术与交通运输融合；加快空天信息技术在交通运输领域应用

① 《中华人民共和国国民经济和社会发展第十四个五年规划和 2035 年远景目标纲要》，中华人民共和国中央人民政府网，http：//www. gov. cn/xinwen/2021 -03/13/content_5592681. htm。

二、 生态构建与解决方案

当前，我国智能交通发展面临的机遇包括需求驱动、技术支撑和政策倡导。

需求驱动。随着数字化发展加快、数字中国的建设，对智能交通发展提出了更高要求；随着国家经济发展，包括出行、运输需求等在内的交通运输需求日益丰富和增长，智能交通未来业务需求空间广阔。

技术支撑。近年来，我国人工智能、云计算、大数据等数字技术发展快速，随着新兴技术与交通运输的深度融合，为智能交通提供了新的发展动能。

政策倡导。中国推出了一系列智能交通相关政策文件，为智能交通发展明确了方向，提供了规划指导。

为抓住机遇，同时为解决和应对可能存在的问题和挑战，积极构建智能交通生态体系，加强智能交通数字生态建设十分关键。智能交通产业链涵盖芯片、传感器、端侧（如车侧、路侧等）设备等硬件设备产业，网络、云计算及边缘计算、AI、高精地图等核心技术产业；提供智能交通细分领域服务的集成服务产业，包括政府、企业、群众在内的用户等。同时，智能交通生态体系包含政策和法律法规相关机构、技术标准相关组织机构、教育和科研单位。智能交通生态体系体现了数据从采集、传输、处理到应用的过程，涵盖了数字安全、数字治理等多方面（如图6-11 所示）。

智能交通系统由安全保障体系和统一标准体系提供保障和支撑，通过设备层采集数据，为系统提供时空同步、清晰、多源、可靠、安全的数据，通过网络层实现信息传输和高精度定位，在平台层通过多项先进技术提供

图 6－11　智能交通生态图谱

分析、决策、控制等核心技术能力，通过应用层进而面向用户提供智能交通细分领域服务（如图 6－12 所示）。

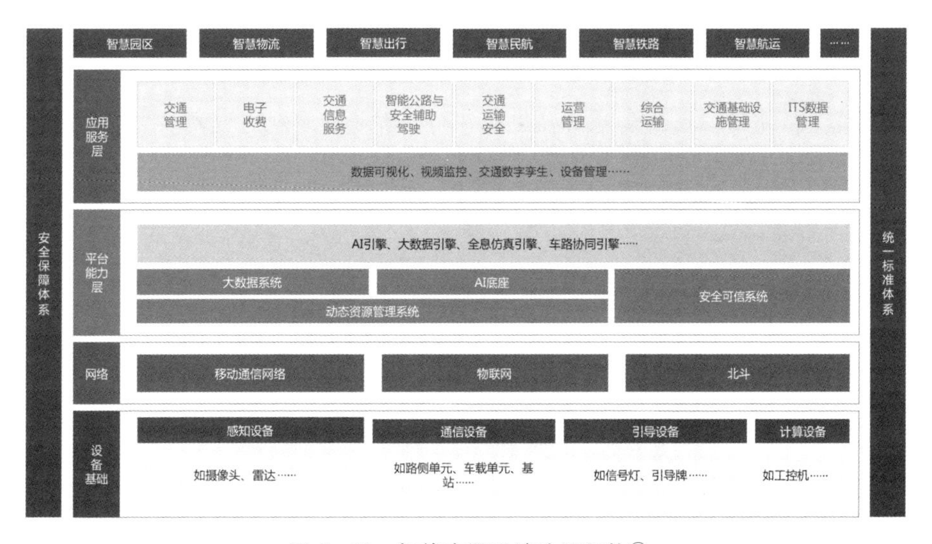

图 6－12　智能交通系统建设架构①

① 张可、齐彤岩、刘冬梅、王春燕、贺瑞华、刘浩：《中国智能交通系统（ITS）体系框架研究进展》，《交通运输系统工程与信息》2005 年第 5 期。

三、应用案例

智慧物流——重庆保税港5G+无人驾驶物流全自动配送项目

为实现物流运输智能化、高效化，运输流程可视化，充分满足实际生产运营中的自动驾驶需求，同时满足推进智慧供应链不断发展，扩大自动驾驶配送范围，降低成本，提高效率的需求，重庆两路寸滩保税港区和飞力达供应链有限公司联合中国电信引入车路协同解决方案，切实帮助企业降本增效，打造智慧物流新标杆。

项目建设高级别I4级智慧道路持续收集路侧数据，依托5G+V2X（Vehicle to Everything，车用无线通信技术）融合网络满足网络传输需求，搭建云控平台，自主研发人工智能算法，通过多项核心技术能力，向车侧提供全域有效信息，帮助车辆提高决策精准度。此外，云控平台打通需求方生产运营系统，提供物流配送相关业务功能；通过运单管理等功能为管理决策提供支撑；通过实施路径规划等功能有效提高配送效率。

图6-13　智慧物流自动驾驶货车

车路协同系统助力保税港无人化供应链共享协同平台实现了“物、车、路、网、云”的全业务协同。项目实现端到端无人驾驶物流配送，打通工厂研发、生产、运输全链条，有效协同了供应链管理系统数据，最大化实现业务配送全流程自动化、可视化管理。多项高精尖核心能力协同提供高等级自动驾驶服务，车路协同技术的引入使自动驾驶更安全、更稳定、更可靠。

四、 未来展望

随着数字中国建设、数字经济发展、新兴数字技术快速发展，智能交通发展前景将更加广阔。

未来，智能交通将实现智能一体化综合交通运输体系的建设，所有交通对象泛在互联、交通运输全域感知、交通系统高度智能一体化协同运作。基于交通系统数字孪生，运营管理线上线下相结合，实现交通系统智能化、精细化管控，交通服务高度定制化，交通运输系统未来将更加安全、便捷、高效、绿色、经济。

场景五： 智慧教育

一、 概念和内涵

教育信息化主要经历了数字化、网络化、智能化三个阶段的发展。从20世纪80年代开始到90年代末，随着个人电脑（PC）大量普及，教育信息化进入了教育资源数字化、教育管理信息化的时代。21世纪初，随着互联网技术的发展，教育信息化逐步进入了网络化时代，远程教育、在线教育等网络化教育手段有效缓解了教育资源的不平衡与教育的不公平等问题。2010年以后，随着大数据、人工智能、移动互联网、虚拟现实/增强现实等技术的发展并与教育的深度融合，提升了教育信息化发展水平和质量。2017年，国务院印发的《新一代人工智能发展规划》中提出要“开展智能校园建设，推动人工智能在教学、管理、资源建设等全流程应用”，标志着教育信息化进入智能化时代。

智慧教育是一种将现代教育理论与大数据分析、人工智能、虚拟现实等信息技术相结合的教育信息化新范式。通过收集整个教育过程中涉及的资源、行为、管理等数据，并对该教育大数据进行挖掘、分析和整合，从而建立集智能导学、个性推荐、智能问答、精细评价、虚实融合、群体智能等功能为一体的教育生态，从而大规模地优化在线学习，为构建新型育人体系提供技术支撑。

智慧教育是在教育现代化过程中构建学习型社会和终身学习体系的基本技术途径。近年国家出台了系列相关政策（如表6－6所示）。

表6－6　近年来国家在智慧教育方面的主要政策

发文时间	发文单位	发文名称	主要内容
2016年6月	教育部	《教育信息化“十三五”规划》	当前，云计算、大数据、物联网、移动计算等新技术逐步广泛应用，信息技术对教育的革命性影响日趋明显。党的十八大以来，党中央、国务院对网络安全和信息化工作的重视程度前所未有，《“互联网＋”行动计划》《促进大数据发展行动纲要》等有关政策密集出台，信息化已成为国家战略，教育信息化正迎来重大历史发展机遇
2019年2月	中共中央、国务院	《中国教育现代化2035》	建设智能化校园，统筹建设一体化智能化教学、管理与服务平台。利用现代技术加快推动人才培养模式改革，实现规模化教育与个性化培养的有机结合。创新教育服务业态，建立数字教育资源共建共享机制，完善利益分配机制、知识产权保护制度和新型教育服务监管制度。推进教育治理方式变革，加快形成现代化的教育管理与监测体系，推进管理精准化和决策科学化
2021年7月	教育部等六部门	《关于推进教育新型基础设施构建高质量教育支撑体系的指导意见》	从信息网络、数字资源、智慧校园、教学平台等多个方面开展面向教育的基础设施建设工作

二、 生态构建与解决方案

智慧教育将大数据、人工智能等技术与课堂教学相融合，能够从教育生态、教育环境、教育方式、教育管理模式等多个维度影响教学过程，确保提供公平和包容的教育机会，促进个性化学习，并提升学习效率。同时，近年来新冠肺炎疫情的全球蔓延，使当前的教学工作面临着前所未有的挑战，智慧教育的需求越发紧迫，智慧教育不仅有助于探索、研究和实践新的教育内容、教育形式，而且能够积极推动学习多样化的发展。

为了构建互联网智慧教育生态，首先需要高效地组织海量教学资源并制定统一标准，其次需要以此为基础完成共享平台的建设，从而完善生态构建，共享教育资源。

在海量教学资源的组织方面，目前教学资源主要提供的资料有 PPT 课件、音视频课件、交互式虚拟现实课件、模拟题试卷、电子教材、案例库、实验方案集等，且数量一般达到 TB 级别。在如此规模的教学资源下，为了提高在线学习效率、备课质量及教学资源的跨时空共享能力，传统的文档组织方式已不再适用，而知识图谱这种组织方式可以整合这些大规模的教学资源。通过知识图谱和教学资源的关联使图谱具有丰富的语义信息和其他相关教学信息。这有助于为学生构建知识体系、识别知识点、发现知识点间联系并帮助学生进行总结，从而可以帮助学生进行沉淀并消除知识盲点。

在教育资源共享生态构建方面，通过教育数据挖掘、教育数据分析、智能学习与课后反馈建立起一个良好的教育生态圈，应用于中小学教育、在线教育、科研机构等，形成多方互利共赢的良好生态（如图 6－14 所示）。

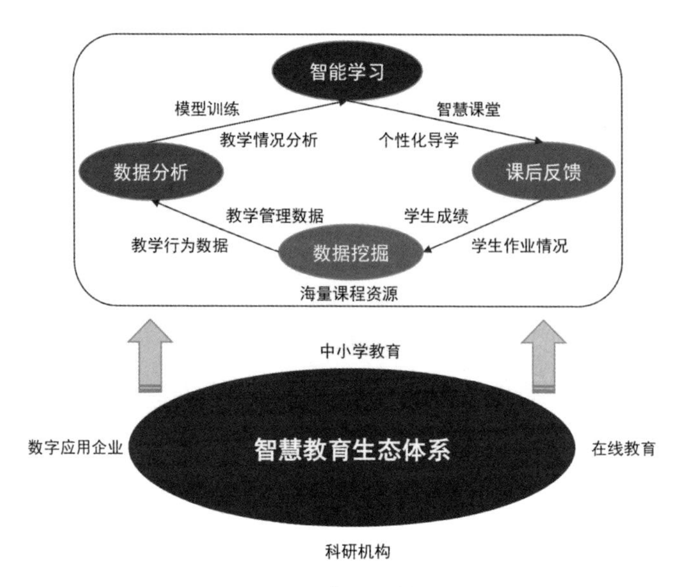

图 6-14　互联网智慧教育生态

互联网智慧教育整体架构的构建包括两个部分，分别是基础设施的建设与教学平台的建设，如图 6-15 所示，前者是整个生态的底层支撑，后者是面向用户的核心部分。

基础设施建设用来存储海量的教学资源、教务管理数据和教学行为数据。为海量的教学资源提供实时在线的存储访问、格式转换、基本统计计算等功能，使得对教学资源的访问和处理不受时间、地点的限制。

教学平台建设给师生提供一个良好的在线学习环境，支持电脑、手机、电视、VR 设备等多种客户端访问，能适应不同的学习风格。对教师而言，可以便捷地根据平台内部基础设施完成教学任务。对于学生而言，平台提供的各类教学辅助功能，如在线学习、辅导答疑、在线自测等功能，能够轻松满足学生的学习要求。

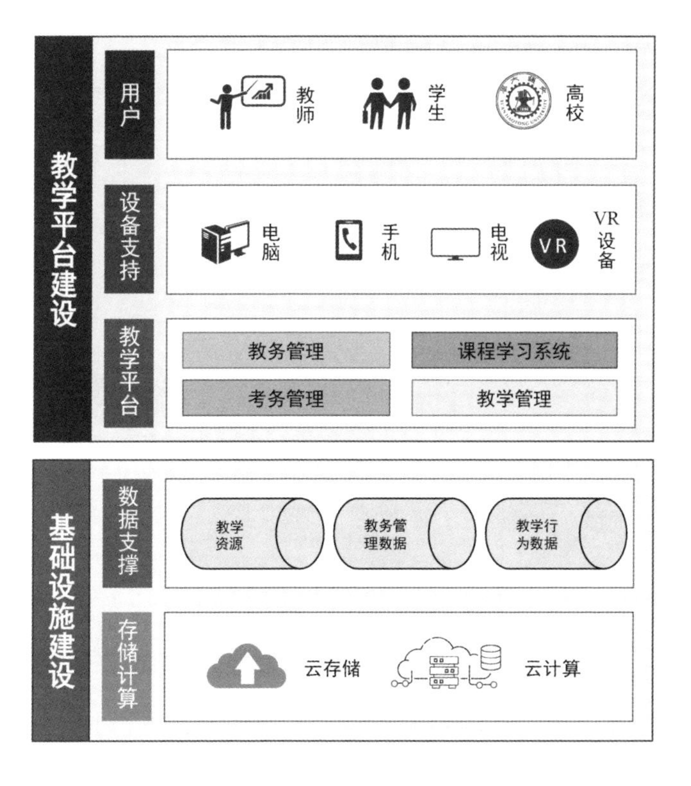

图 6-15　互联网智慧教育整体框架

三、应用案例

体验式导航学习——西安交通大学的知识森林导航学习系统

体验式导航学习指学习者沉浸在虚拟学习情境中，身临其境地体会学习内容，系统依据学习者学习状态推荐个性化学习路径。体验式导航学习具有多感知性、交互性、构想性等特点，与传统的学习方式相比能够激发学生的学习兴趣，获得更好的学习体验。

知识森林是一种面向教育的知识图谱，其节点代表知识主题树，边代表知识主题间的认知关系。西安交通大学的知识森林导航学习系统利用 AR 技术对知识森林进行三维可视化。图 6-16 给出了“数据库应用”课程的知识森林导航学习界面，图中每一个六边形区域表示一个知识簇，内部有多棵知识主题树，在这些知识簇与知识树之间存在认知路径（阶梯状），这些路径指明了知识点学习的先后顺序。基于知识森林和学习者的学习数据，利用人工智能算法自动规划学习路径并推荐学习资源，实现了从海量资源中找知识、学知识，到在知识森林引导下个性导学的跨越，避免了学习迷航问题。

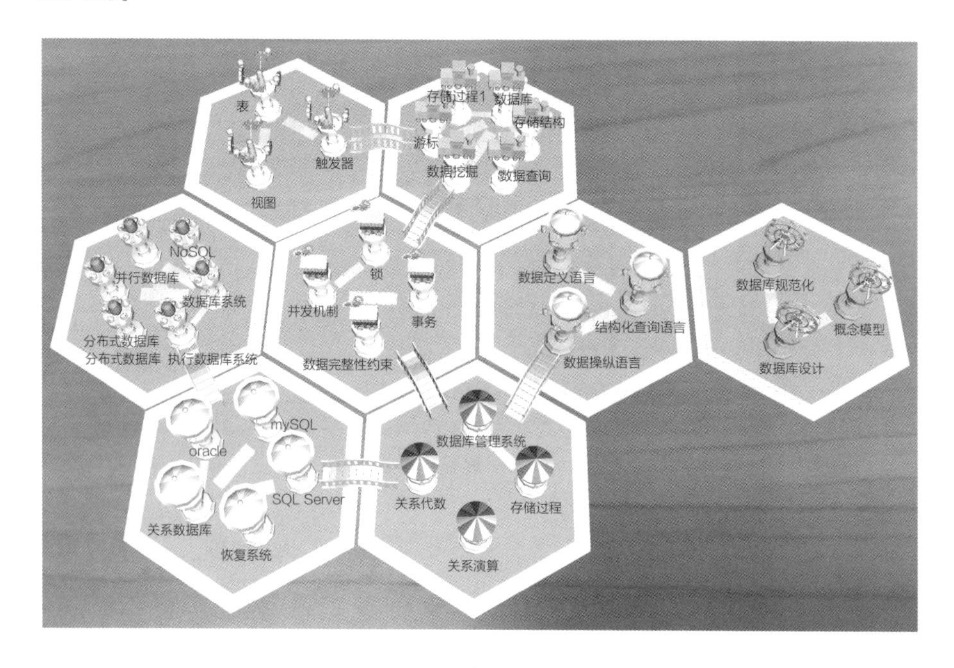

图6-16 知识森林导航学习系统

知识森林导航学习系统获国际高交会“优秀产品奖”，部署在“MOOC中国”等5大主流在线教育平台上，用户有1.6亿，创造了过百亿的经济效益。

四、 未来展望

基于海量的教学资源，利用大数据、人工智能、虚拟化等技术，智慧教育将具有虚实融合、线上线下融合的新型教学形式；从多维细粒度教学评价技术，推动教学评价从结果性向过程性、从单一评价向综合评价的转变。智慧教育围绕“人—机—物”协同开展应用，突破个体认知局限。

场景六： 智慧医疗

一、 内涵与特征

智慧医疗是一套以居民健康医疗数据为中心的新型健康医疗服务模式，由多种新一代信息技术（移动互联网、人工智能、云计算等）的发展而牵引。由于我国公共医疗管理系统尚不完善，以医疗体系效率低、医疗服务质量差、就医渠道少且贵为代表的医疗问题已成为社会和谐发展的潜在威胁，因此，加快智慧医疗的发展，是解决当前问题的有效途径。一般来说，智慧医疗由三部分组成，分别为智慧医院系统、区域卫生系统、家庭健康系统。[①] 通过三个系统的交互合作，可以从根本上解决“看病难，看病贵”等问题，把安全、便利、优质的医疗服务带入寻常百姓的生活。

智慧医疗围绕医疗服务，以国家智慧医疗相关发展政策为方针，以移动互联网、云计算、物联网、大数据及人工智能等技术集成创新为驱动，以产业变革与协同为载体，如医疗机构自我变革，信息技术产业转型，金

① 龚江涛：《ZigBee 技术在智慧医疗物联网中的应用与展望》，《电脑编程技巧与维护》2018 年第 5 期。

融保险深入服务，药品、材料供应链服务变革供应模式，健康相关产业与医疗装备（含便携可穿戴设备）等产业聚合，推动医疗发展。

具体来说，智慧医疗主要具有以下四个特征：医疗设备的数字化，医疗数据的网络化，医院管理的信息化，医疗服务的便利化。①

医疗设备的数字化：医疗信息的数字化是智慧医疗的基础，即医疗设备采集、处理、存储、传输等过程均以数字化模式进行，逐渐取代常规以人为主导的模式。

医疗数据的网络化：实现医疗数据的资源共享，支持影像及文档资料的传输，缩短患者的看病流程，减少错误发生率；同时支持远程问诊、远程会诊等诊疗新模式。

医院管理的信息化：医院管理人员可通过信息系统了解当前医院的运营情况、工作情况等，实现医院业务流程的自动化，实现医疗资源的统一调配，使医院始终处于最佳运行状态。

医疗服务的便利化：患者可通过网络进行预约挂号、结果查询、在线问诊，以便及时进行诊疗，基于网络提供定制化高、成本低的医疗保健服务及咨询。

国家对智慧医疗的发展进行了逐层递进的规划布局，颁布了如表 6－7 所示的系列重要政策。

表 6－7　近年来国家在智慧医疗方面的主要政策

发文时间	发文单位	发文名称	发文内容
2011 年 4 月	国家卫生健康委员会医政医管局	《三级综合医院评审标准（2011 年版）》	明确三级医院信息化应用必须达到的程度与具体要求

① 中国平安：《数字医疗：内涵、动力、问题与前景》，东方财富网，http：//pdf. dfcfw. com/pdf/H3_AP201911181370845041_1. pdf。

续　表

发文时间	发文单位	发文名称	发文内容
2015 年 3 月	国务院办公厅	《全国医疗卫生服务体系规划纲要（2015—2020 年）》	提出到 2020 年实现全员人口信息、电子健康档案和电子病历三大数据库全面覆盖
2018 年 4 月	国务院办公厅	《国务院办公厅关于促进“互联网 + 医疗健康”发展的意见》	健全“互联网 + 医疗健康”加强监管与相关标准的建设
2016 年 10 月	中共中央、国务院	《“健康中国 2030”规划纲要》	提出加强推动部门与区域间健康相关信息共享
2020 年 7 月	国家卫生健康委统计中心	《医院信息互联互通标准化成熟度测评方案（2020 年版）》	确定医院测评工作的 2 个环节 4 个阶段、医院信息互联互通测评 7 个等级
2021 年 9 月	国务院办公厅	《“十四五”全民医疗保障规划》	建设标准化、信息化的国家医疗保障平台，推广应用医保信息业务编码标准和医保电子凭证
2021 年 9 月	国家卫生健康委、国家中医药管理局	《公立医院高质量发展促进行动（2021—2025 年）》	建设“三位一体”智慧医院，区域医疗信息化
2021 年 9 月	工业和信息化部办公厅、国家卫生健康委办公厅	《工业和信息化部办公厅 国家卫生健康委员会办公厅关于公布 5G + 医疗健康应用试点项目的通知》	试点推广，培育可复制、可推广的 5G 智慧医疗健康新产品、新业态、新模式
2021 年 12 月	中央网络安全和信息化委员会	《“十四五”国家信息化规划》	积极探索运营信息化手段优化医疗服务流程；加快医疗重大基础平台及医疗专属云建设

二、 生态构建与解决方案

我国智慧医疗的发展与应用有着三方面的优势。一是从医疗 AI 技术的角度看，2014—2020 年，我国在医疗 AI 领域发表的论文量和专利数呈现上升的趋势。其中，中文论文数从 2014 年的 3613 篇增长至 2020 年的 14354 篇，复合增速 26%。医疗 AI 领域的专利书从 2014 年的 204 件提升至 2020

年的1782件，复合增速44%。[①] 这反映出我国在医疗AI领域的技术水平在不断提升，为智慧医疗产业的发展提供了技术支撑。二是从人才培养的角度看，众多高校设立了人工智能专业和研究院，培养出了新一代信息技术人才，为智慧医疗产业提供了充足人才供给。三是从市场空间的角度看，对标美国，中国智慧医疗产业拥有其10倍的发展空间。2019年，美国智慧医疗市场约占据全球市场份额的80%，同时全球40%以上的智慧医疗设备都产自美国。中国人口占世界人口的22%，但医疗卫生资源仅占世界的2%。从中美对比来看，中国智慧医疗投入占医院收入的比例仅为0.5%，美国为5%，中国智慧医疗产业拥有其10倍的潜在增长空间。[①]

虽然我国的智慧医疗发展有着得天独厚的优势，但也面临着一些挑战：第一，在医疗资源公平化方面，地区内部医疗能力发展不均衡是掣肘我国整体医疗水平进一步提升的一大问题，有望依靠智慧医疗来缓解。2015年至2019年，基层医疗卫生机构占全国医疗资源供给的95%左右，中国整体医疗水平依然较低。从供给端来看，我国优质医生及医疗资源不足且分布不均，在城乡之间，城市里每千人口的卫生技术人员数是乡村的2倍。第二，在医保控费方面，国家医保支付压力逐渐增加。2020年参加全国基本医疗保险13.6亿人，近5年参保率基本稳定在95%左右，医保渗透率位于高位。与此同时，医保支出逐年提升，占GDP比重提升，医保支付压力加大。第三，在新型诊疗方面，受新冠肺炎疫情影响，迫切要求智慧医疗提供更多样的诊疗方式。新冠肺炎疫情暴发后，互联网医疗关注度明显上升，对在线诊疗的需求也大幅提升。新冠肺炎疫情防控期间，为减少交叉感染

① 《2022年智慧医疗行业研究报告》，腾讯云，https://cloud.tencent.com/developer/article/1963922。

风险，互联网诊疗逐渐成为多数人的选择，可以说，新冠肺炎疫情成为互联网医疗发展的强力催化剂。

信息化是支撑医疗事业发展、确保医改顺利进行的重要支柱。2014 年卫生信息技术交流大会提出要重点加强居民健康卡的推行工作，使解决看病难再推进一大步。国家卫健委统计信息中心主任孟群介绍了国家卫生计生资源整合顶层设计规划——“4631－2”工程，这是进行智慧医疗规划的重要图谱（如图 6－17 所示）。

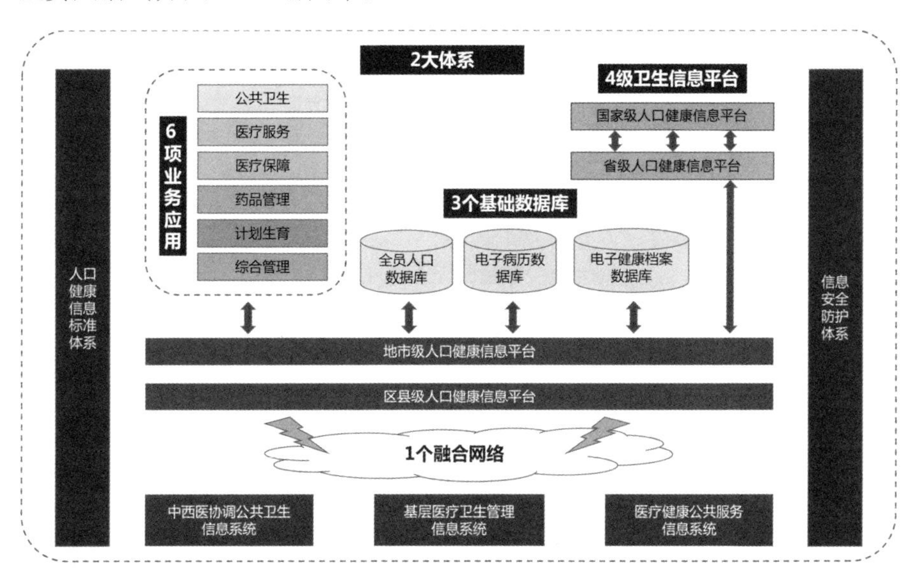

图 6－17　智慧医疗生态图谱

“4631－2”工程旨在依托中西医协同公共卫生信息系统、基层医疗卫生管理信息系统和医疗健康公共服务系统打造全方位、立体化的国家卫生计生资源体系，规范从区县级到国家级的基础医疗数据，构建规范的数据库，将我国海量的医疗数据转化为可用的医疗大数据，从而通过大数据技术进行融合，形成统一的人口健康网络，推进看病难问题的解决，推动智慧医疗建设（如图 6－18 所示）。

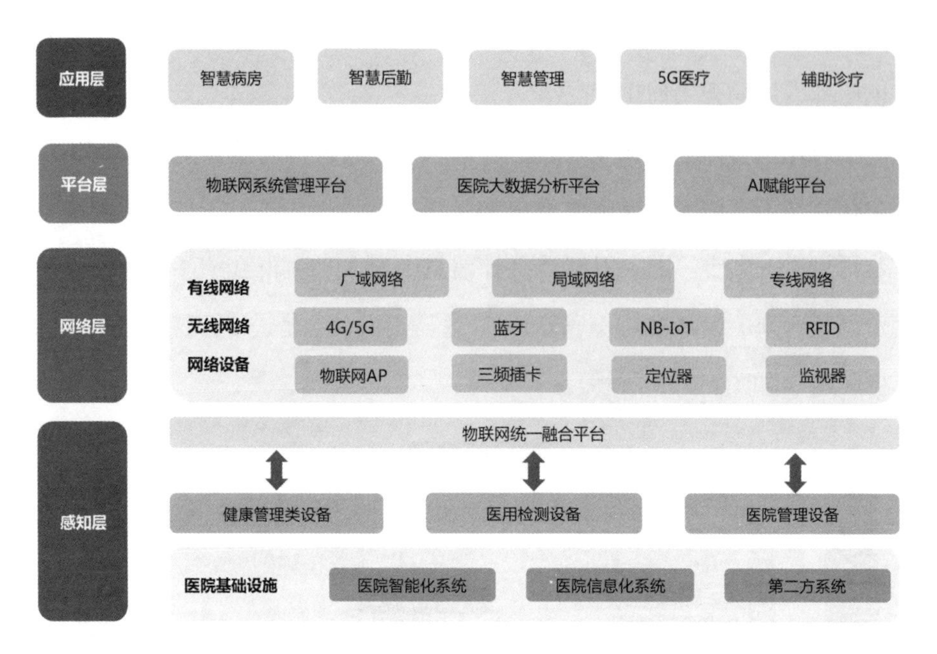

图 6-18　智慧医疗系统建设架构

三、 应用案例

AI 助力新冠肺炎 CT 影像诊断

中南医院医学影像科徐海波教授团队与腾讯觅影联合开发的新一代新冠肺炎 CT 人工智能诊断系统“5G + AI 助力抗疫”被评为十大医疗健康类数字化转型成功案例。2020 年初，在新冠肺炎疫情暴发后，中南医院先后接管了武汉市第七医院、雷神山医院以及武汉客厅方舱医院。随着患者数量的扩充，CT 检查需求量激增。腾讯觅影第一时间启动基于 CT 影像的新冠肺炎 AI 辅助诊断专项，首批研发人员逆行武汉，驻扎在武汉大学中南医院，联合徐海波教授团队，依托深度学习技术以及自监督学习方法，在低训练数据依赖下，快速开发出腾讯觅影新冠肺炎影像识别模型，迅速完成了新一代新冠肺炎 AI 辅助诊断系统（如图 6-19 所示）的上线，在抗疫一线投入使用。

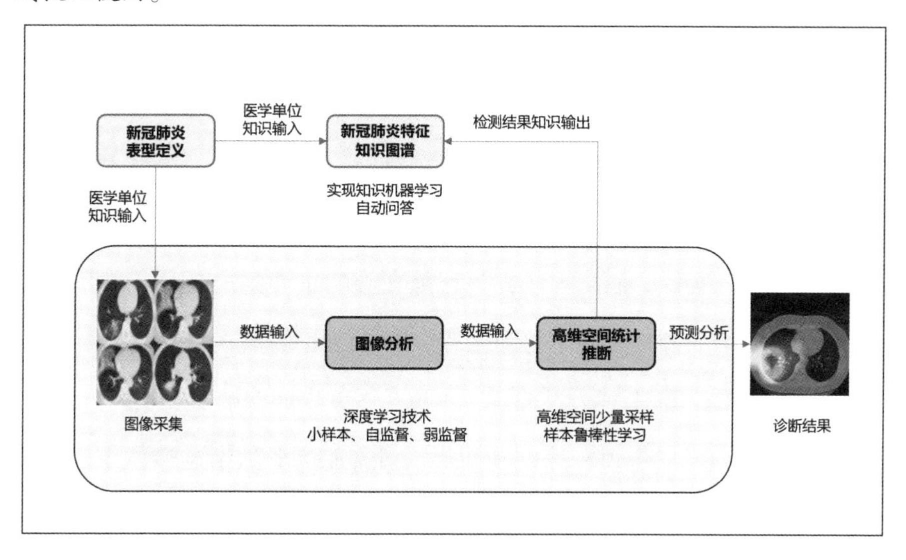

图 6-19　新冠肺炎 AI 辅助诊断系统

四、 未来展望

随着医疗健康数据量爆发性增长、计算能力快速提升、模型和算法不断进步、各级政府鼎力支持、科技巨头和资本扎堆追逐，数据采集、传输、处理、应用能力逐步增强，医疗信息平台、大数据分析平台、云计算平台、IoT 平台、AI 平台有效整合，智慧医疗正朝着更加智慧、更加便捷、更加实用、更加安全的方向发展。

场景七： 智慧文旅

一、 内涵与特征

2014 年，国务院印发的《关于促进旅游业改革发展的若干意见》中首次提出智慧旅游概念。[①] 之后，伴随着经济发展和人民生活水平的不断提高，大众对高品质的文化娱乐活动需求日益旺盛。同时基于数字新基建、"双循环"、"十四五" 等大环境，5G、云计算、物联网、虚拟现实、人工智能等新型数字技术与传统旅游行业加速融合。旅游业作为提高人民生活幸福感的重要产业之一，随着全域智慧旅游的到来，行业边界逐渐拓展，景区、博物馆、餐饮、酒店等已成为智慧文旅的重要组成部分，并呈现需求多元化、供给品质化、生态协同化、价值共创化等特征。

在政策方面，2021 年印发的《"十四五" 文化和旅游发展规划》《"十四五" 文化产业发展规划》等纲领性规划对文旅产业数字化转型作出了顶层设计，之后，文旅部、工信部等先后出台相关落地政策（如表 6 - 8 所示）。2022 年 5 月，中共中央办公厅、国务院办公厅发布《关于推进实施国家文化数字化战略的意见》，提出打造文旅行业数字化新基建，大力发展线上线下一体化，在线在场相结合的数字化文化新体验。

可以看到，加强智慧文旅行业数字化基础设施建设，推动文化与旅游融合，打造行业数字化新场景，加速推进以数智化、网络化、智能化为特征的智慧文旅发展，增强游客在旅游过程中的体验感与满足感，是近年来国家政策的核心内容。

表 6 - 8　近年来国家在智慧文旅方面的主要政策

发文时间	发文单位	发文名称	主要内容
2020 年 11 月	文化和旅游部	《文化和旅游部关于推动数字文化产业高质量发展的意见》	完善文化产业"云、网、端" 基础设施，打通"数智化采集—网络化传输—智能化计算" 数字链条；促进文化产业与数字经济、实体经济深度融合，构建数字文化产业生态体系

① 《国务院关于促进旅游业改革发展的若干意见》，中华人民共和国中央人民政府网，http：//www. gov. cn/zhengce/content/2014 - 08/21/content_8999. htm。

续 表

发文时间	发文单位	发文名称	主要内容
2020 年 11 月	文化和旅游部、国家发展改革委等十部门	《关于深化“互联网 + 旅游”推动旅游业高质量发展的意见》	深入推进旅游领域数智化、网络化、智能化转型升级，培育发展新业态新模式
2021 年 5 月、6 月	文化和旅游部	《“十四五”文化和旅游市场发展规划》《“十四五”文化和旅游发展规划》	搭建互联网监管及旅游科技创新体系；推进“互联网 + 监管”，构建业务全量覆盖、信息全程跟踪、手段动态调整的智慧监管平台
2021 年 6 月	文化和旅游部	《“十四五”文化产业发展规划》	培育壮大线上演播、数字创意、数字艺术、数字娱乐、沉浸式体验等新型文化业态
2021 年 7 月	工业和信息化部等十部门	《5G 应用“扬帆”行动计划（2021—2023 年）》	将“5G + 文化旅游”划入社会民生服务普惠行动，提出突破数字内容关键共性技术；打造 AR/VR 业务支撑平台和云化内容聚合分发平台，促进 5G 和文旅装备融合创新
2022 年 1 月	国务院	《“十四五”旅游业发展规划》	坚持人民性、现代化和未来感，奋力开创旅游业高质量发展的新格局
2022 年 5 月	中共中央办公厅、国务院办公厅	《关于推进实施国家文化数字化战略的意见》	夯实文化数字化基础设施，鼓励多元主体共同搭建文化数据服务平台；发展数字化文化消费新场景，大力发展线上线下一体化，在线在场相结合的数字化文化新体验

二、 生态构建与解决方案

近两年来，新冠肺炎疫情收缩了广大游客的出游半径，但没有阻挡人民对高品质美好生活和旅游休闲的向往，反而加速了文旅行业的数字化转型进程。数字化新技术在助力新冠肺炎疫情防控的同时，催生了大量如“云赏花”“云游博物馆”等行业新业态，构筑了“文化 + 旅游 + 科技”的融合创新服务体系，更好满足了游客个性化、多层次的旅游需求，[①] 成为

① 戴斌：《培育大众旅游意识 守护人民旅游权利——2022 年中国旅游日特别评论》，中国旅游研究院（文化和旅游部数据中心），http://www.ctaweb.org.cn/cta/ztyj/202205/1d0f76dfa27547cc9d88c02ac29e3d71.shtml。

驱动经济内循环、推动文旅行业高质量发展的重要抓手。

如智慧文旅产业生态图谱（见图6－20）及行业数字化方案（见图6－21）所示，从整体来看，智慧文旅行业解决方案由基础能力与应用能力组成。在基础能力方面，主要以网络能力、云计算、边缘计算等构成底层网络支撑能力，同时融入智能终端搭建物联网及大数据平台能力等。在应用能力方面，主要包括消费级应用及政企级应用。消费级应用主要有高清

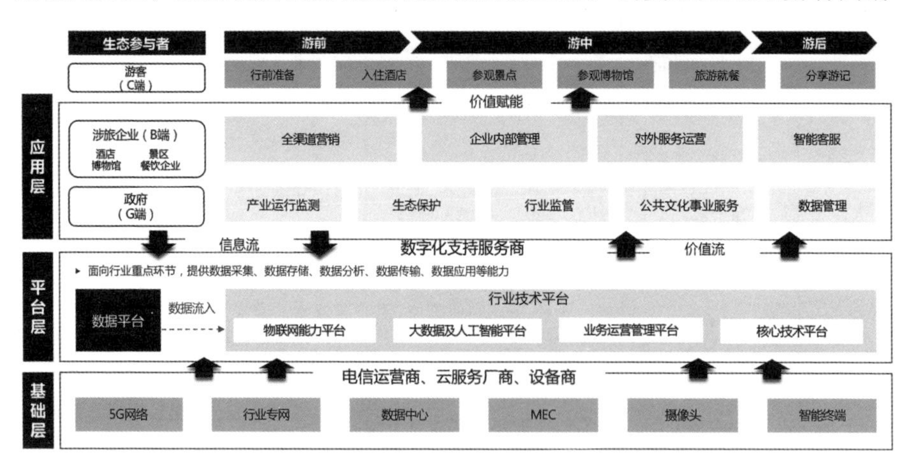

图6－20　智慧文旅产业生态图谱

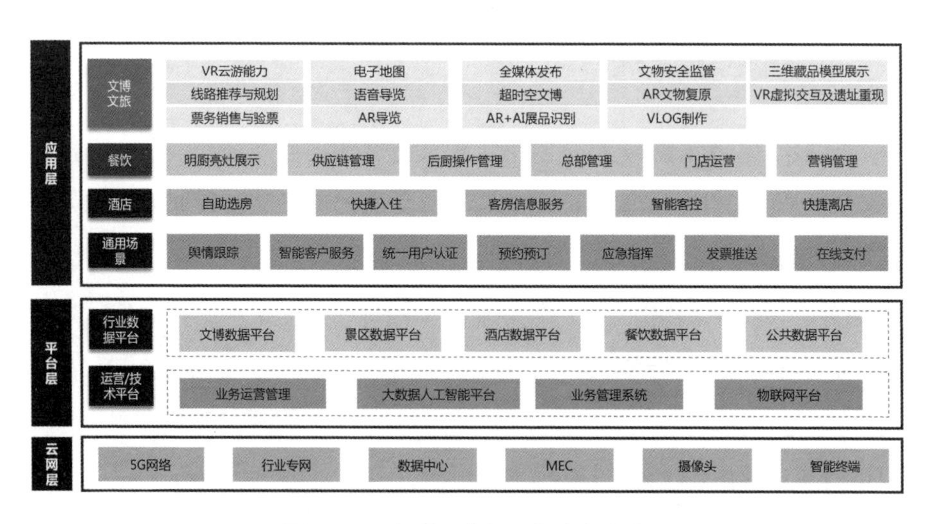

图6－21　智慧文旅行业数字化方案

直播、VR 云游、虚拟展示、5G + AR 导览、沉浸式演出、智慧停车等。政企级应用包括客流洞察、数字文创、明厨亮灶、智能安防、能源智能控制、5G + AR 文物修复、行业监管等。

三、 应用案例

福建平安鼓岭数字化旅游度假区项目

福州市鼓岭旅游度假区被誉为“中国四大避暑胜地”之一，深受人们喜爱。近年来随着景区游客人数不断增长，出现了人流量高峰拥堵、景区交通调度困难、平安治理困难等综合问题。如何建立景区全方位、智能化的安全预防体系，利用数字新技术优化景区产品及服务，提升游客森林旅游同质化体验，成为鼓岭在新时期实现新发展的首要痛点与需求。

中国电信为鼓岭景区量身定制“5G + 平安鼓岭”方案，建立福建省首个全域“5G + 智慧旅游”体系，利用大网 UPF 与数据分流能力，建立用户终端和应用之间的最短路径连接，结合定制 DNN（客户定制化、安全保密、视频要求）实现数据安全保密，为客户提供独享网络服务，实现最低时延、高可靠、数据安全的网络能力。同时，基于天翼云打造5G 可视化综合管理平台、民宿信息管理系统、5G 大数据可视化平台，为度假区提供基于5G 技术的景区人流大数据分析、停车智能管理数据分析等应用，快速、精准地识别景区人流、车流等动态的情况，最大限度的降低度假区的综合管理压力（如图6－22 所示）。

项目有效提升了游客的服务体验，助力管委会的平安治理，促进了景区旅游产业的转型升级。鼓岭景区各项收入均实现大幅提升，商业价值及社会价值远超预期。截至 2021 年 10 月，客流量提升 26%，门票收入增长 18%，民宿收入提高 33%，电商交易量增加 550% ，创下了历史新高，累

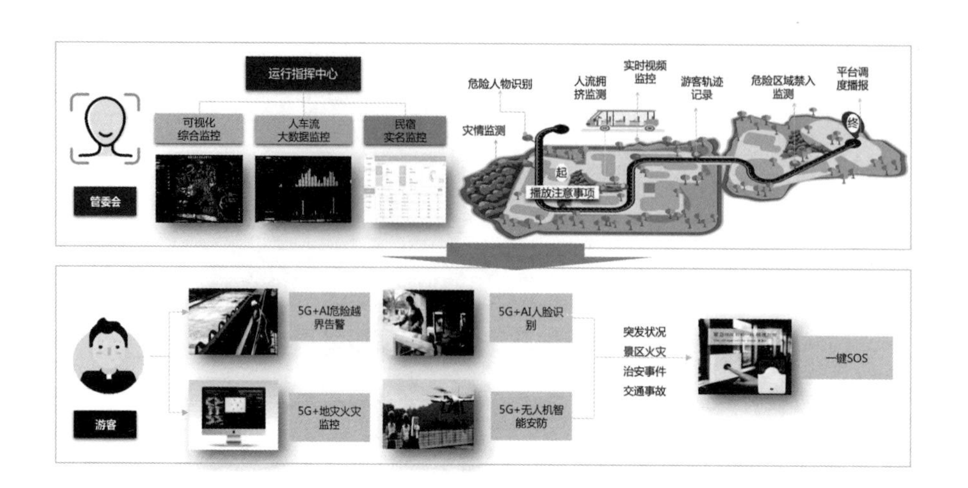

图6－22　平安鼓岭旅游度假区建设方案

计带动景区客流量达200万人次，形成资源互投、流量共享模式。率先创建了福建省全域“5G＋智慧旅游”体系，提升景区科技创新能力，促进景区产业深度融合，有效带动了度假区上下游产业的协调发展。

四、 未来展望

文旅行业正处于发展战略机遇期，也是推进行业数字化转型、创新融合的关键时期。新冠肺炎疫情下，人们对文旅消费需求逆势增长是行业发展的动力所在，而5G等数字新技术积聚了产业创新发展动能。未来，行业发展将坚持“以文塑旅、以旅彰文”[①] 的文化引领，对行业供需侧进行深入改革。需求侧方面，以人民体验为核心，积极拥抱数字新科技，提供元宇宙、数字藏品、红色游、适老游等更丰富、更高品质的文旅产品，满足大众对美好生活的向往。同时全面系统、深入地推进规模化集成的新型数

① 《文旅部：坚持“以文塑旅、以旅彰文” 推动文旅融合发展》，中国网财经，https：//baijiahao. baidu. com/s？id＝1709232349419093522&wfr＝spider&for＝pc。

字化底座及平台建设，以数据为核心生产要素，协同生态化打造一体化的多跨场景创新应用，构筑融合、共生、互补、互利的新智慧文旅行业数字化生态体系，推进智慧文旅行业高质量发展。

场景八：智慧社区

一、内涵与特征

智慧社区是指基于5G、物联网、云计算、大数据、人工智能、区块链等新一代信息技术，以智慧化、绿色化、人文化为导向，融合社区场景下的人、事、地、物、情、组织等多种要素，围绕社区居民的公共利益，统筹公共管理、公共服务和商业服务等资源，面向政府、物业、居民和企业等多种主体提供社区管理与服务类应用，实现共建、共治、共享管理模式的智慧化社区。[①]

智慧社区是新形势下社区管理的一种新理念和新模式，具有以下特征：一是智能化。如传感器、人脸识别等智能硬件在智慧社区得到普遍应用，对人实现精准画像，对事实现智能辅助，对物实现万物智联，能够智能全面分析展现社区内人、事、物全要素。二是人本化。围绕以人为中心，以科技服务生活为理念，通过线上线下打通各类服务，提供与居民生活息息相关的教育、医疗、交通、物流、零售等创新服务模式，用科技重新诠释人文关怀。三是集成化。社区各类数据信息打破数据孤岛，通过统一信息

① 《〈智慧社区建设运营指南（2021）〉正式发布》，国家信息中心网，http：//www.sic.gov.cn/News/567/11165.htm。

服务平台走向集成，实现资源共享和价值交换，提供高效便捷的政务服务及社区管理。

2018 年 11 月6 日，习近平总书记在考察上海市虹口区市民驿站嘉兴路街道时指出，城市治理的“最后一公里”就在社区。社区是党委和政府联系群众、服务群众的神经末梢，要及时感知社区居民的操心事、烦心事、揪心事，一件一件加以解决。近年来，国家政策层面对智慧社区建设作出了重要部署，在国家政策主导下，各省区市将智慧社区建设融入智慧城市相关规划中，推动智慧社区试点，取得了极大成效。近年来国家有关智慧社区方面的政策如表6－9 所示。

表6－9　近年来国家在智慧社区方面的主要政策

发文时间	发文单位	发文名称	主要内容
2016 年 2 月	中共中央、国务院	《关于进一步加强城市规划建设管理工作的若干意见》	提出加强社区服务场所建设，形成以社区级设施为基础，市、区级设施衔接配套的公共服务设施网络体系
2016 年 8 月	民政部、国家标准化管理委员会	《全国民政标准化“十三五”发展规划》	指出应着重开展社区信息化和智慧化社区建设等标准研制，从国家层面引导智慧社区建立相关标准
2016 年 11 月	民政部、中央组织部、中央综治办等十余部门	《城乡社区服务体系建设规划（2016—2020 年）》	提出要推进城乡社区综合服务设施建设，力争到 2020 年实现城市社区综合服务设置全覆盖
2017 年 6 月	中共中央、国务院	《关于加强和完善城乡社区治理的意见》	提出到 2020 年基本形成基层党组织领导、基层政府主导的多方参与、共同治理的城乡社区治理体系
2019 年 5 月	住房和城乡建设部	《智慧社区建设指南》	明确提出我国城市智慧社区建设的总体框架和评价指标体系
2020 年 7 月	国家市场监督管理总局、国家标准化管理委员会	《智慧城市　建筑及居住区　第 1 部分：智慧社区建设规范》	对智慧社区基础设施、综合服务平台、社区应用、社区治理与公共服务、安全与运维保障等方面提出建设规范和要求

续 表

发文时间	发文单位	发文名称	主要内容
2020 年 12 月	住房和城乡建设部、工业和信息化部、商务部等六部门	《关于推动物业服务企业加快发展线上线下生活服务的意见》	提出加快建设智慧物业管理服务平台，补齐社区服务短板，推动物业服务线上线下融合发展
2021 年 3 月	第十三届全国人大四次会议	《中华人民共和国国民经济和社会发展第十四个五年规划和 2035 年远景目标纲要》	提出推进智慧社区建设，依托社区数字化平台和线下社区服务机构，建设便民惠民智慧服务圈
2022 年 5 月	民政部、中央政法委、中央网信办等九部门	关于深入推进智慧社区建设的意见	明确了智慧社区建设的总体要求、重点任务和保障措施等，到 2025 年基本构建起网格化管理、精细化服务、信息化支撑、开放共享的智慧社区服务平台，初步打造成智慧共享、和睦共治的新型数字社区，社区治理和服务智能化水平显著提高

二、 生态构建与解决方案

智慧社区生态主体包括政府、物业、运营商、居民等。政府通过智慧社区将治理单元下沉，实现精细治理；物业提供舒适宜居的生活环境和精细精准的物业服务；运营商包括房地产商、安防厂商、物联网厂商、人工智能企业、通信运营商和金融等企业，通过运营社区数据和资源，提供新型消费、创新服务。各生态主体基于各自的行业优势，开展生态合作共同构建智慧社区生态体系，最终目标是提升社会基层服务和治理能力，让人民生活更美好（如图 6 - 23 所示）。

随着 5G、物联网、人工智能、大数据、云计算、数字孪生、AR/VR 等新一代信息技术的快速发展，社区的发展模式、居民的生活方式发生了巨大变革，新技术重构了人、事、物与社区的关系，构建了数字生活新图景。智慧社区建设框架（如图 6 - 24 所示），主要包括终端、网络、平台、

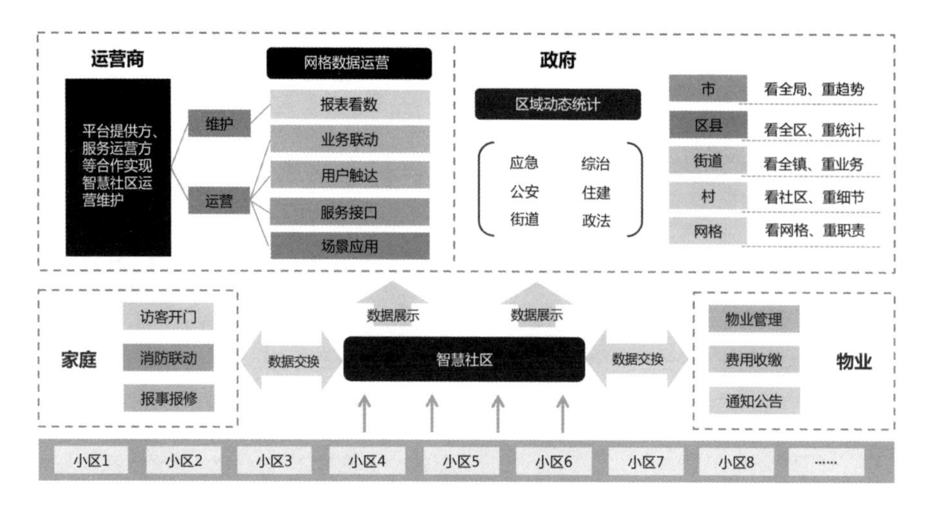

图 6－23　智慧社区生态体系

应用四部分，为政府端提供社区数据汇聚监管，为物业端提供社区智能化管理交互，为居民提供互动服务。

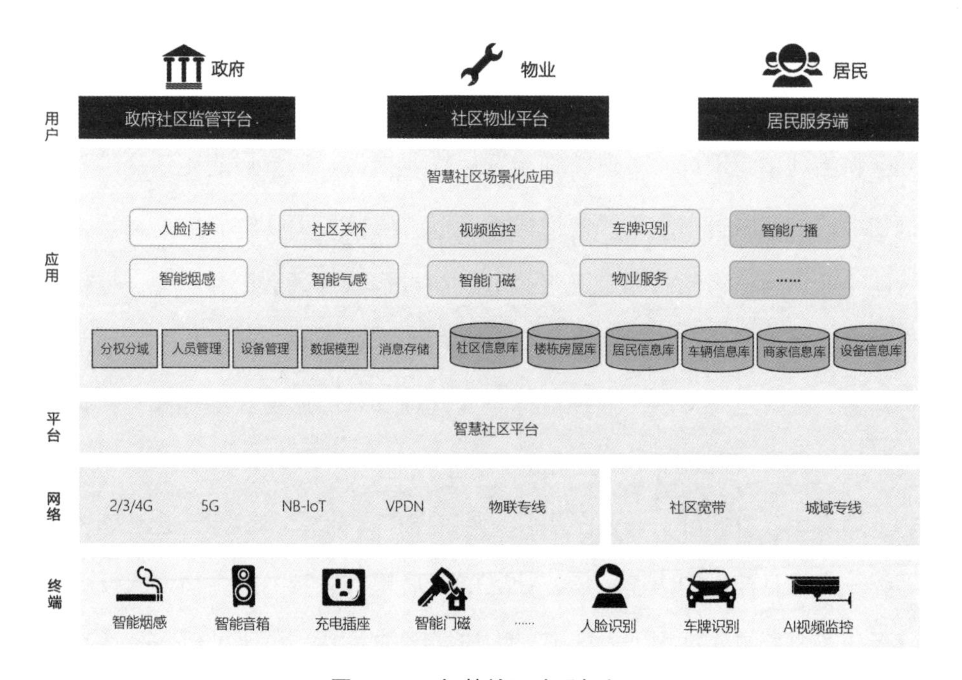

图 6－24　智慧社区建设框架

三、应用案例

厦门建设智慧安防小区，智能门禁成为亮点

建设智慧安防小区是厦门市政府为民办实事重点项目。建设之前，存在小区管理混乱、无统一的物业服务及运营、政府部门无法有效管理等问题，迫切需要建设智慧社区平台，实现对辖区内小区进行统一监管，全面掌握社区情况。该项目由政府主导，依托智慧社区平台，采用“平台＋应用＋生态”模式，提供包括智能门禁、视频监控、数据管理、社区服务、收费管理、报事报修、生活缴费等丰富应用。智慧安防小区实现了向下防护智慧家庭，为社区居民提供便捷高效的居住环境；向上连接智慧城市，集技防安防、综治、社区管理、民生服务等于一体，完成“社区管理”向“社区治理”的转型。

以智慧安防小区的高频应用——智能门禁为例，运营商提供了种类多样的门禁功能，满足小区物业安全管理和不同业主的无感通行需求。如门禁结合防疫功能对小区进行出入管控，当门禁处检测到体温异常或健康码异常时发出警告并禁止入内；当孩子擅离社区，门禁触发平台实时告警通知家人；若有访客到访，物业提供电子通行证预约或音视频门禁与业主手机绑定实现远程开门，提供安全便捷的访客服务。

四、未来展望

在国家新型城镇化、数字政府大背景下，加快智慧社区建设是未来10年的重点工作之一。随着“十四五”规划纲要的发布，国家对智慧社区建设作出了新部署，更多的社区资源将被盘活并不断激发出数字产业的新活力，带动养老、医疗、教育、安防等关联产业发展，为数字产业发展开辟新的赛道空间。智慧社区也将是信息惠民的重要着力点。智慧社区建设不仅将打通更多的政务服务功能，让民生服务在社区一级就能办理，也将实现智慧化的社区养老和居家养老，老人、特殊群体等都能享受到信息化建设带来的便利，实现基本公共服务普惠化，缩小信息生活数字鸿沟，持续提升居民的获得感、幸福感、安全感。

场景九： 智慧家居

家庭是构成社会的基本单元，随着宽带、5G、云计算、物联网、人工智能等新一代信息技术的升级迭代，在居民人均可支配收入不断攀升以及消费升级的拉动下，智慧家居行业在我国迎来了广阔的发展前景。

一、 内涵与特征

智慧家居是基于新一代信息技术的智慧化家庭综合性服务平台，是家庭智能设备、物联网、高速信息网络和应用服务的有机融合。①

智慧家居是智慧城市理念和技术在家庭层面的应用和体现，其实质是在互联网作用下物联化的体现。智慧家居以住宅为平台，以家庭成员为纽带，充分运用云计算、物联网、人工智能等技术，以提升家居生活的便利性、舒适性、安全性和环保节能为目的，实现革新智慧的家庭生活方式。

---

① 《工业和信息化部 国家标准化管理委员会关于印发〈智慧家庭综合标准化体系建设指南〉的通知》，中华人民共和国工业和信息化部网，https：//www. miit. gov. cn/jgsj/kjs/jscx/bzgf/art/2020/art_323dbeda7fb6488e9ed756b990e9a153. html。

智慧家居的基本特征主要包括三方面：一是交互方式多样化。除了基于手机应用程序的图形界面入口，以及以智能音箱为代表的语音界面入口外，还有以“语音+手势”为代表的多模态交互入口，通过语音、视觉、动作等多种方式进行人机交互。二是家居服务智能化。智慧家居最基本的目标就是为人们提供一种革新智慧的家庭生活方式，因此智慧家居会依据用户需求进行整体解决方案的设计，包括全屋灯光照明、家电控制、安全防护、影音娱乐等，实现实用性强的智能安全的家居生活。三是智能系统稳定可靠。由于智慧家居的智能化系统必须保证24小时运行，因此，对系统的安全性、稳定性和可靠性有较高要求，完备的容错措施确保系统正常安全运行，并能应付各种复杂环境的变化。

近年来，智慧家居备受国家及各级政府的高度重视，与智慧家居相关的政策性文件陆续出台，将智慧家居列入重点民生建设项目（如表6－10所示）。

表6－10　近年来国家在智慧家居方面的主要政策

发文时间	发文单位	发文名称	主要内容
2018年9月	中共中央、国务院	《中共中央 国务院关于完善促进消费体制机制 进一步激发居民消费潜力的若干意见》	明确提出升级智能化、高端化、融合化信息产品，重点发展适应消费升级的中高端移动通信终端、可穿戴设备、超高清视频终端、智慧家庭产品等新型信息产品
2019年8月	国务院办公厅	《国务院办公厅关于进一步激发文化和旅游消费潜力的意见》	丰富网络音乐、网络动漫、网络表演、数字艺术展示等数字内容及可穿戴设备、智能家居等产品
2020年5月	工业和信息化部	《智慧家庭标准工作组筹建公示》	提出开展智慧家庭综合标准化体系建设和维护，制定智慧家庭关键技术标准，推动智慧家庭产品互联互通，智慧家庭示范应用及产业化工作

续 表

发文时间	发文单位	发文名称	主要内容
2021 年 3 月	第十三届全国人大四次会议	《中华人民共和国国民经济和社会发展第十四个五年规划和 2035 年远景目标纲要》	在“数字化应用场景”专栏中特别列出“智慧家居”一栏，并明确了未来 5 年的发展目标和要求
2021 年 12 月	国务院	《“十四五”数字经济发展规划》	在第七章第四节明确提出打造智慧共享的新型数字生活；引导智能家居产品互联互通，促进家居产品与家居环境智能互动，丰富“一键控制”“一声响应”的数字家庭生活应用
2022 年 4 月	中共中央、国务院	《中共中央 国务院关于加快建设全国统一大市场的意见》	明确提出推动统一智能家居、安防等领域标准，探索建立智能设备标识制度

二、 生态构建与解决方案

随着数字经济、信息技术的快速发展，智慧家居行业迎来了发展的良好机遇。一是行业发展具备良好的经济环境。新一轮科技革命和产业革命正在向纵深演进，社会加速全面迈入数字经济时代。尽管经济发展受到新冠肺炎疫情冲击，但国内整体经济情况向好，叠加国民整体消费能力的持续提升，为智慧家居行业带来结构性发展机遇。二是行业发展具备重要的需求驱动。出于新冠肺炎疫情防控需要，经济活动加速向线上迁移，人们须居家完成工作生活各类活动，智慧家居可以满足更便捷、安全、舒适的生活方式，将大大提升消费者对智能设备的需求，并培育使用习惯。三是行业发展具备强大的技术底座。云网融合、5G、AIoT、边缘计算等新技术迎来发展风口，并加速融合创新，为智慧家居业务场景延伸与产品落地提供了坚实支撑。5G + 千兆宽带 + Wi-Fi6“三千兆”全面商用，新兴技术的深度融合与系统性创新，将持续孕育新兴数字化产品与服务。

智慧家居行业主要有传统家电厂商、科技硬件企业、互联网公司及通信运营商等四类主流参与者。在智慧家居生态构建（如图6－25所示）上，各类参与者因自身优势而各有侧重，但典型特征都分为“前台入口”“集约化中台”“协同产业联盟”三层运营。

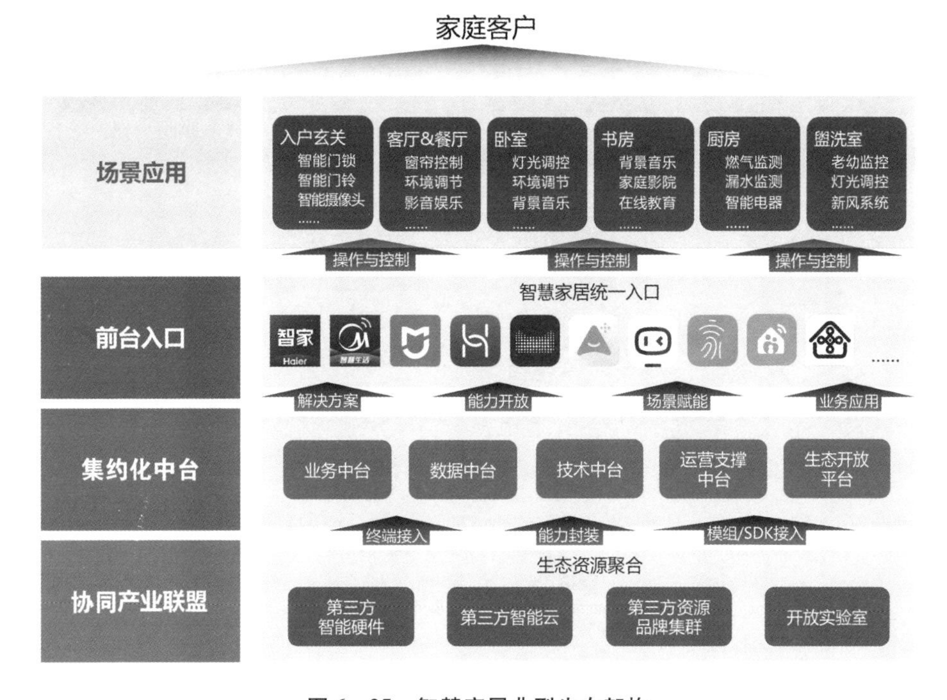

图6－25　智慧家居典型生态架构

智慧家居建设方案的核心内容包括设备层、传输层、平台层、应用层及标准协议等五部分。智能宽带是基础，终端设备是载体，智家平台是能力，智能应用是方向，标准规范和安全防护贯穿始终（如图6－26所示）。

三、 应用案例

智慧家居解决方案前端面向用户提供安全防护、影音娱乐、运动健康等各类生活场景服务，后端以平台开放方式整合资源搭建生态架构。海尔

图6-26　智慧家居建设方案

智家的场景生态运营是典型代表。

海尔智家场景生态整体解决方案

海尔智家从2006年即开始通过U-home布局物联网，经过多年行业深耕，已建起业内最大的智慧家居场景生态（如图6-27所示）。这是一种端到端的“资源生态”，即通过用户端到生态资源端的连接，为用户提供一站式生活服务。[①] 目前已形成食联网、衣联网、空气网、水联网等生态圈，联合了超万家生态资源方。

例如，衣联网生态为用户提供从基本的洗衣服务，到洗护体验，再到穿搭、购买的全生命周期解决方案。接入服装品牌、家纺品牌、洗护用品等超5000家生态资源方，覆盖服装、家纺、洗涤、皮革等13个行业。当用户把衣物投入洗衣机后，启动自动识别流程，控制洗涤剂的精准投放剂量。当洗涤剂即将用完时，发出智能提醒。一键下单后享受送货到家服务，衣物的存储、搭配也能通过连接智能护理柜得到智能推荐。

① 丁少将：《海尔智慧家庭的品牌实力》，《现代企业文化》2019年第10期。

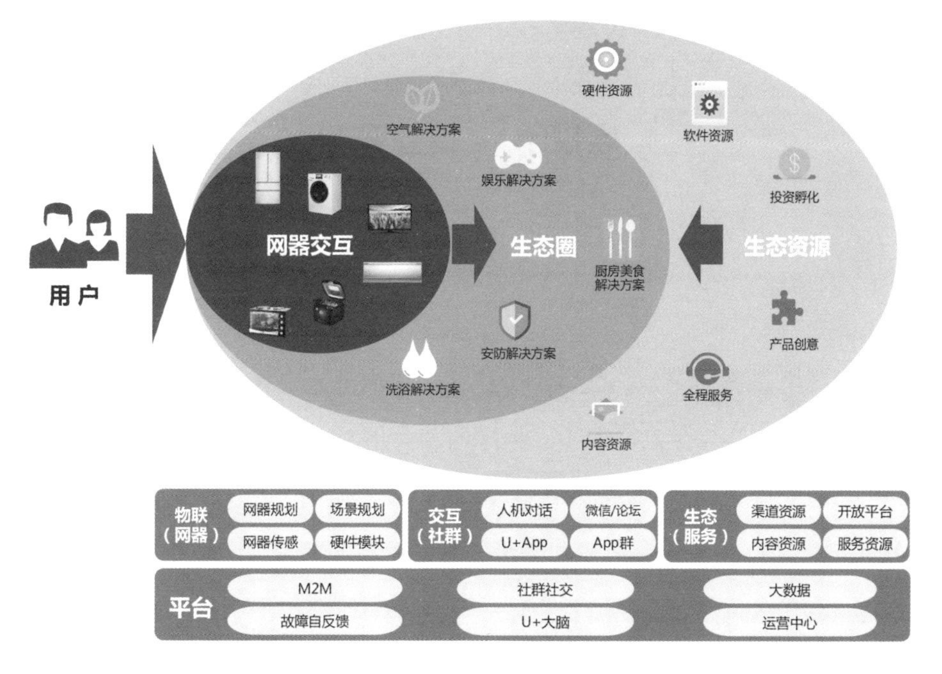

图 6－27　海尔智家场景生态运营体系

四、 未来展望

随着国家政策对数字化、智能化的持续加码，智慧化浪潮正加速席卷而来，这使综合了互联网、计算处理、网络通信、感应与控制等技术的智慧家居行业将继续蓬勃发展。目前，智慧家居设备的联动主要是通过人机互动来实现，未来将实现物与物通过讯号直接互动交流。智慧家居设备揣测人的需要，根据不同的状态和场景互动运行。从被动接受指令做出相应动作的工具，转变为主动识别用户需求提供服务的具有能动智慧的工具，提供全方位的信息交换功能，用户便能获得最大限度的高效、便利、舒适、智能的生活。

场景十：智慧政务

一、内涵与特征

智慧政务是利用云计算、大数据、知识工程、区块链、人工智能等信息技术，面向政务服务数字化、自动化与智能化需求，高度整合各职能部门的各种资源，旨在降低政府业务处理难度、提高政务管理效率，并为政务管理提供一系列智能化辅助决策，为用户提供更优质、更便捷的服务，从而实现政务的高效、便民、公开、可信的管理。

智慧政务由电子政务发展而来，是电子政务在云计算、大数据、知识工程等技术高度发展的信息时代的进一步体现，主要呈现数据赋能、协同治理、智慧决策、优质服务等基本特征。其中，数据赋能指利用人工智能技术深入挖掘政务大数据中隐含的重要信息，充分理解民众和企业的迫切需求，为智慧政务服务的部署与优化提供信息支撑；协同治理指打通不同政务部门的信息屏障，促进数据共享与协同计算，打造一体化的智慧政务体系；智慧决策是指以各个部门的政务数据为依托，以人工智能为手段，面向国家和人民的政务服务需求，智能化地生成可行的解决方案。高度智能化的数字政务系统能够更好地服务于人民、企业和政府机关，因而呈现“优质服务”的特征。

电子政务的概念由来已久，早在国家“十一五”规划中就提出“基本建成覆盖全国的统一的电子政务网络，初步建立信息资源公开和共享机制”。在经过“十二五”“十三五”的全面建设与转型之后，电子政务的内涵逐渐发展为高度智能化的智慧政务。《“十四五”数字经济发展规划》提出，政务信息化工作需要“围绕推进国家治理体系和治理能力现代化的总目标”，“顺应数字化转型趋势，以数字化转型驱动治理方式变革，充分发挥数据赋能作用，全面提升政府治理的数字化、网络化、智能化水平”。智慧政务是《“十四五”数字经济发展规划》的重要内容之一，也是构建数字经济生态体系的重要一环，迎合了经济社会发展对政务服务数字化、自动化、智能化、高效、便捷的需求，对于提高国家治理能力具有重要意义。近年来国家也出台了相关政策（如表6-11所示）。

表6-11 近年来国家在智慧政务方面的主要政策

发文时间	发文单位	发文名称	主要内容
2019年4月	国务院	《中华人民共和国政府信息公开条例》①	各级人民政府应当加强政府信息资源的规范化、标准化、信息化管理，加强互联网政府信息公开平台建设，推进政府信息公开平台与政务服务平台融合，提高政府信息公开在线办理水平
2021年12月	国家发展改革委	《“十四五”推进国家政务信息化规划》②	统筹推进重大政务信息化工程建设，综合运用新技术新理念新模式提升治理能力、优化公共服务、推动高质量发展、满足人民期盼，推进数字政府建设，形成与数字经济发展相适应的数字治理能力，带动促进数字社会建设，有力支撑国家治理体系和治理能力现代化
2022年1月	国务院	《“十四五”数字经济发展规划》③	提高“互联网+政务服务”效能：全面提升全国一体化政务服务平台功能，加快推进政务服务标准化、规范化、便利化，持续提升政务服务数字化、智能化水平，实现利企便民高频服务事项“一网通办”

① 《中华人民共和国政府信息公开条例》，中华人民共和国中央人民政府网，http：//www.gov.cn/zhengce/content/2019-04/15/content_5382991.htm。

② 《国家发展改革委关于印发〈“十四五”推进国家政务信息化规划〉的通知》，中华人民共和国中央人民政府网，http：//www.gov.cn/zhengce/zhengceku/2022-01/06/content_5666746.htm。

③ 《国务院关于印发〈“十四五”数字经济发展规划〉的通知》，中华人民共和国中央人民政府网，http：//www.gov.cn/zhengce/content/2022-01/12/content_5667817.htm。

二、 生态构建与解决方案

我国政务信息化发展总体经历了“十一五”全面建设、“十二五”转型发展、“十三五”创新突破的发展阶段，初步实现了网络通、数据通、业务通，重大工程建设取得新成效，全民健康保障、安全生产监管等一批重大工程陆续建成，营商环境不断优化，有力支撑了“放管服”改革深入推进，为政务系统的智慧化进程提供了基础条件。人工智能、大数据、知识工程、区块链技术的发展与广泛应用，为智慧政务的构建提供了强有力的技术支撑。

智慧政务的生态由多个因素构成，如图 6－28 所示。一是基础设施要素，包括硬件部分和软件部分。其中，硬件指部署智慧政务所需的存储、计算、通信等硬件设施，如统一城市网络、云基础设施等；软件包括政务数据管理与处理平台、政务内网、政务外网等，能够为部署不同政务、打通不同政务的屏障提供平台依托。二是数据要素，是指人口、法人单位、

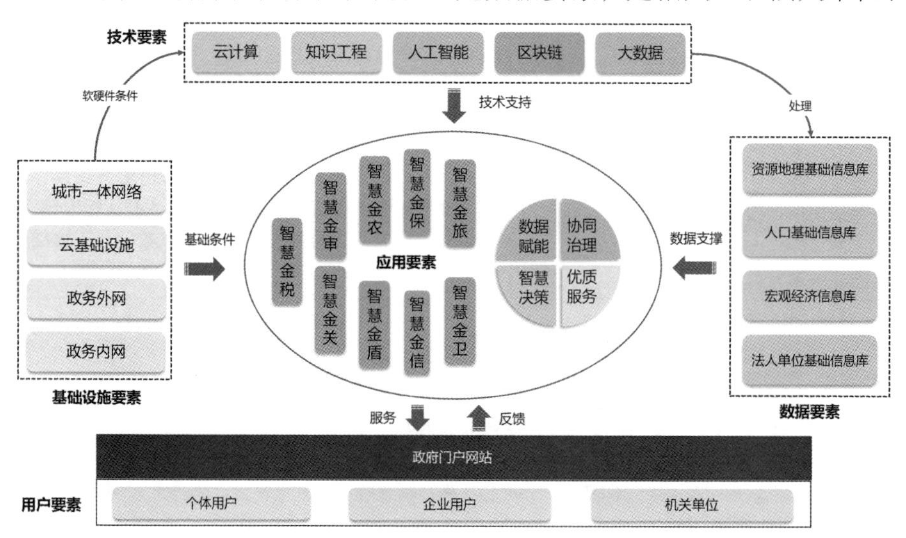

图 6－28 智慧政务的生态架构

空间地理和自然资源、宏观经济等数据库，是推动人工智能技术在政务领域部署的核心推动力。三是技术要素，包括人工智能、云计算、知识工程、区块链等技术要素，是连通基础设施要素、数据要素与应用要素的重要技术途径。四是应用要素，是指智慧金税、智慧金关、智慧金财、智慧金盾等智慧政务应用。五是用户要素，智慧政务的根本目的是为个体、企业以及国家机关单位提供优质服务，用户既是服务的使用者，也是构建智慧政务所需的数据要素的生产者。此外，用户在智慧政务的使用过程中提供的反馈与建议，对于智慧政务的优化，也具有重要的意义。

构成智慧政务生态的五个要素中，基础设施要素是基础条件，能够为技术要素提供软硬件支撑；技术要素则通过作用于数据要素，为智慧政务应用的需求输出重要结论信息和决策辅助信息，从而实现数据赋能政务、智能辅助决策、提供优质服务；用户则借助中国政府门户网站，享受智慧政务服务，并为智慧政务的生态建设献计献策，促进智慧政务应用部署及相关技术的发展。

智慧政务的整体框架如图 6 -29 所示，其中，智慧政务主体部分包含设施层、数据层与平台层三层。除此之外，需要针对智慧政务中的应用

图 6 -29　智慧政务建设方案

规范、数据安全等问题，提供相应的政策法规支撑以及安全系统防护体系，并面向政府、企业和个人三种类型的用户进行相应的培训、推广与应用。

三、 应用案例

智慧管税——知识驱动的可解释税务稽查

国家启动的金税工程，依托于大数据构建税务稽查机制。通过打通不同领域的数据共享与协同处理，税务稽查也因此走向基于风险评估的自动化和智能化模式（如图6－30所示）。借助以知识图谱为代表的大数据知识工程，融合税务数据、金融数据、交易数据等，构建税务知识库；利用知识推理技术，从海量数据中寻找不法纳税人偷逃骗税的线索，并将线索依据时序、依赖、因果等动态融合生成证据链，最终实现对偷税、骗税、发票虚开等一系列违法行为的自动识别，同时提供可信、精准的“证据链”导侦，并取得了良好成效。2021年，杭州市税务局借助大数据平台，通过分析纳税人的纳税数据、收入数据、交易数据等，检测到多名知名主播的逃税行为，并进行了相应的行政处罚。

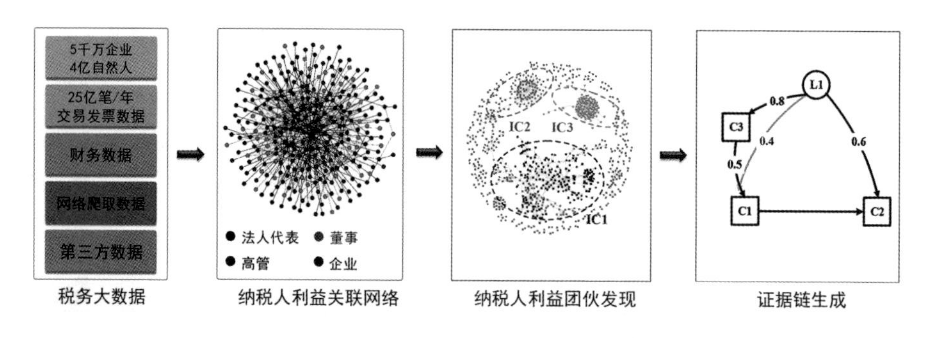

图6－30 基于大数据知识工程的税务犯罪智能稽查

传统的税务稽查依赖专家经验，而海量的企业税收数据、层出不穷的偷逃骗税新模式极大地增加了稽查难度。借助大数据知识工程构建的企业风险评估与税务稽查智能系统为这一难题的解决提供了新的思路。

四、 未来展望

随着信息技术的发展，智慧政务建设以围绕推进国家治理体系和治理能力现代化的总目标，运用人工智能、大数据、知识工程助力提升政务治理方面的分析决策能力，将在各个政务领域发挥重要作用。充分发挥数据赋能作用，全面提升政府治理的数字化、网络化、智能化水平；通过汇集税收、经济、财政收支、各行业信息等数据，促进各行业数据协同处理，构建分析模型，为深化政务信息化改革提供支撑；结合国家和地方政策法规，从宏观、微观、横向、纵向等多角度对政务数据进行对比分析，实现政策影响结果的预判，最终为国家治理体系和治理能力现代化提供有力支撑。

后　记

本书即将付莘之际，正值党的二十大胜利召开，中国共产党团结带领全国各族人民，以中国式现代化全面推进中华民族伟大复兴。着力营造开放、健康、安全的数字生态，正是“十四五”时期加快建设网络强国和数字中国、推动经济社会高质量发展的重要战略任务。

《走进数字生态》是“塑造数字中国”丛书的重要组成部分，与《走进数字经济》《走进数字社会》《走进数字政府》构成了一个有机的整体。本书从数字生态主要涉及的数字理念、数字发展、数字治理、数字安全、数字合作等角度展开，系统介绍了相关内容的概念内涵、政策特点、问题挑战与建议举措。作为丛书的一个分册，进一步介绍了能源制造、民生应用、政府服务等领域的数字化典型应用场景，展现数字生态对经济社会发展、人民生产生活的广泛影响与数字化转型驱动带来的深刻变革。

本书是西安交通大学、中国电信集团有限公司、华为技术有限公司的高校学者、科研人员、产业技术专家集体智慧的结晶。在第一章，李晶晶、刘志涵、刘亚飞、沈承伟、王娟、王志文、杜海鹏、张未展分别从产业界与学术界调研总结了相关数字技术的发展态势；在第二章，饶少阳、钱文胜、漆晨曦、宋杰、柯晓燕基于自身研究成果，归纳了数据要素市场的构成与数据治理的主要举措；在第三章与第五章，锁志海、徐墨、刘俊、高瞻、姚睿、吕欣分别为营造规范有序的政策环境、构建网络空间命运共同体提供了诸多代表性案例与素材；在第四章，范铭、刘炷、王寅、陶俊杰、刘峻峰、焦文静、雷靖薏、童格从数字安全研究者的角度，提供了数字安全相关法律法规及案例作为参考；在第六章，饶少阳、郭靓、欧阳红升、刘森、魏玥、朱婉菁、叶美灵、李娟、全波、魏笔凡、龚铁梁、冯伟结合各自的工作领域与专长，提供了丰富、生动的数字化应用典型场景案例。

衷心感谢丛书主编和编委会的信任，在写作过程中，编委会专家多次就书中的问题提出了中肯的意见，感谢中央党校（国家行政学院）的翟云研究员，对书稿的框架设计与撰写风格提出了很多宝贵建议。特别感谢国家行政学院出版社对本书出版的高度重视，王莹主任从组稿开始，即从专业角度提出了很多具体建议，出版社严谨的研究态度和一丝不苟的工作作风，给我们留下了深刻印象。最后，还要感谢西安交通大学期刊中心的张丛主编，在初稿撰写过程中，帮助我们一起反复打磨书稿。

囿于学识，书中难免有疏漏、谬误之处，尚祈各位专家、学者批评指正。

郑庆华

2022 年 10 月